Surgical Diagram
for Dogs and Cats

犬猫外科手术图解

李建军 ◎ 主编

SPM 南方传媒
广东科技出版社
全国优秀出版社

·广州·

图书在版编目（CIP）数据

犬猫外科手术图解/李建军主编. —广州：广东科技出版社，2025.1

ISBN 978-7-5359-8237-7

Ⅰ. ①犬… Ⅱ. ①李… Ⅲ. ①犬—外科手术—图解 ②猫—外科手术—图解 Ⅳ. ①S858.2-64

中国国家版本馆CIP数据核字（2024）第015585号

犬猫外科手术图解
Quanmao Waike Shoushu Tujie

出 版 人：	严奉强
责任编辑：	区燕宜
装帧设计：	友间文化
责任校对：	曾乐慧　李云柯
责任印制：	彭海波
出版发行：	广东科技出版社
	（广州市环市东路水荫路11号　邮政编码：510075）
销售热线：	020-37607413
	https://www.gdstp.com.cn
	E-mail: gdkjbw@nfcb.com.cn
经　　销：	广东新华发行集团股份有限公司
印　　刷：	广州市彩源印刷有限公司
	（广州市黄埔区百合三路8号　邮政编码：510700）
规　　格：	787 mm×1092 mm　1/16　印张13.75　字数275千
版　　次：	2025年1月第1版
	2025年1月第1次印刷
定　　价：	98.00元

如发现因印装质量问题影响阅读，请与广东科技出版社印制室联系调换（电话：020-37607272）。

《犬猫外科手术图解》
编委会

主　　编：李建军（天津农学院）
副 主 编：丁巧玲（天津农学院）
　　　　　马玉忠（河北农业大学）
　　　　　马卫明（山东农业大学）
　　　　　王洪岩（天津市西青区农业农村发展服务中心）
　　　　　王　亨（扬州大学）
　　　　　邱昌伟（华中农业大学）
编写人员：闫振贵（山东农业大学）
　　　　　李建基（扬州大学）
　　　　　曹　杰（中国农业大学）
　　　　　韩春阳（安徽农业大学）
　　　　　彭仕明（广州动物园）
　　　　　刘俊栋（江苏畜牧兽医职业技术学院）
　　　　　王　永（天津农学院）
绘　　图：闫　青
特约编辑：闫　青

前言

本书共分为9章，用50余幅彩色照片和336幅精美细致的手绘图，层次分明地图解47个临床常见的犬猫外科手术。每个手术内容均按概述、手术适应证、手术步骤、手术注意事项和术后护理5部分来撰写。结合临床病例照片概括介绍手术，让读者一目了然；在手术适应证部分明确列出该操作可以解决的临床病症；以精美的手绘图，从局部解剖结构到手术通路，细致入微地详解手术操作步骤，外科技术和绘画艺术近乎完美结合，通俗易懂；手术注意事项和术后护理对提高手术成功率尤为重要，编者结合多年来丰富的临床实践经验对手术注意事项和术后护理部分做了明确阐述。本书适合宠物医院初级、中级执业兽医师阅读，有助于其在临床实践中快速提高外科手术操作水平，还可作为动物医学专业学生学习《兽医外科及手术学》《小动物疾病学》和《犬猫疾病学》的配套资料。

在编写过程中，编写人员参考了国内外兽医外科及手术学的相关理论和技术，同时把他们丰富的宠物治疗临床经验融入其中。天津威利固德宠物诊疗中心王立辉、高士帅、李硕、毛晓梦，山东农业大学李欣颖和华南农业大学兽医学院李一凡为本书做了大量的文字校对工作；山东农业大学王春璈教授和扬州大学李建基教授为本书的编写提供了宝贵意见。我在此一并表示衷心感谢！

山东农业大学闫青老师为全书绘图并参加部分文字编写。我从入读兽医外科学硕士研究生班到毕业后工作，一直得到闫老师的帮助和扶持！在本书出版之际，深切缅怀尊敬的闫老师！

由于我水平有限，书中错误或不当之处在所难免，敬请读者批评指正。

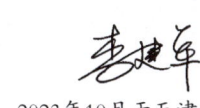

2023年10月于天津

目录

第一章 头部外科手术

一 眼部手术 / 002
 （一）第三眼睑腺脱出 / 002
 （二）眼睑外翻 / 004
 （三）眼睑内翻 / 007
 （四）第三眼睑（瞬膜）覆盖术 / 010
 （五）眼球脱出 / 013

二 耳部手术 / 018
 （一）耳血肿 / 018
 （二）犬耳整容成形术 / 022

三 口腔手术 / 027
 （一）拔牙术 / 027
 （二）舌下囊肿切除术 / 031
 （三）经口腔声带切除术 / 035

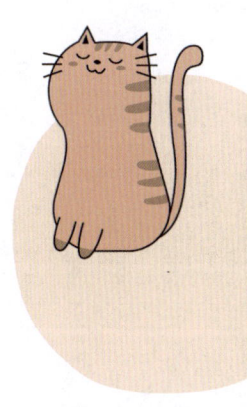

第二章 颈部外科手术

一 颈腹侧喉室声带切除术 / 040
二 颈部食管切开术与食管部分切除术 / 043
三 气管切开术 / 048

第三章　胸腹部手术

一　胸部食管切开术　/ 056

二　经胃切开取出食管内异物　/ 062

三　剖腹术　/ 067

四　胃切开术　/ 074

五　肠套叠整复术　/ 077

六　肠管切开术　/ 080

七　肠管切除和端端吻合术　/ 083

八　空腔器官缝合法　/ 088

第四章　泌尿系统外科手术

一　犬膀胱切开术　/ 094

二　公犬会阴部尿道造口术　/ 099

三　公犬阴囊前（耻骨前）尿道切开术　/ 103

四　公猫会阴部尿道造口术　/ 107

第五章　生殖系统外科手术

一　公犬去势术　/ 114

二　嵌顿包茎还纳术　/ 117

三　子宫卵巢切除术　/ 120

四　剖宫产术　/ 127

五　乳腺肿瘤切除术　/ 129

六　阴道肿瘤切除术　/ 133

七　阴道增生切除术　/ 136

第六章　疝修补术

- 一　脐疝修补术 / 142
- 二　膈疝修补术 / 145
- 三　腹壁疝修补术 / 148
  - 外伤性腹壁疝修补术 / 148
- 四　腹股沟疝修补术 / 156
- 五　会阴疝修补术 / 161

第七章　直肠肛门外科手术

- 一　直肠脱出修复术 / 166
  - （一）直肠黏膜部分切除术 / 166
  - （二）脱出直肠切除术 / 169
  - （三）肛门环缩术 / 172
- 二　肛门囊摘除术 / 175

第八章　犬四肢骨骨折支架外固定

第九章　临床常见切除术

- 一　犬断尾术 / 192
- 二　猫断爪术 / 197
- 三　犬悬趾/指切除术 / 199
- 四　截肢术 / 202
  - （一）前肢截肢术 / 202
  - （二）后肢截肢术（股骨中干截肢术）/ 207

第一章

头部外科手术

一　眼部手术

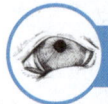

（一）第三眼睑腺脱出

第三眼睑腺脱出即瞬膜腺突出，俗称"樱桃眼"。是由于第三眼睑腺肥大、增生等原因，与瞬膜一并从内眼角向外突出的一种眼病。确切病因不详，可能与遗传或某种刺激引起第三眼睑腺发炎有关。犬猫均有发病，临床以犬多发。单眼或双眼均有发生，多在3~12月龄发病（图1-1-1、图1-1-2）。

本病有效的治疗方法是手术切除第三眼睑腺增生物，药物治疗无效。

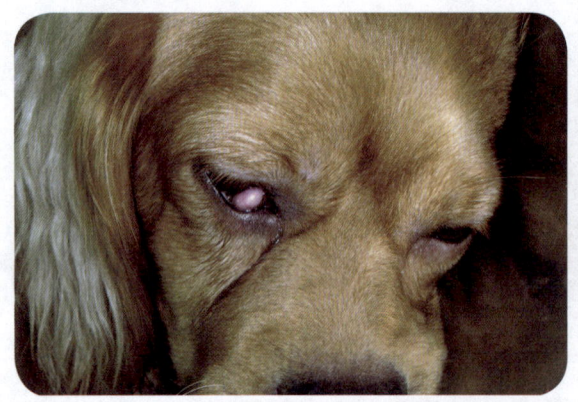
图1-1-1　10月龄可卡犬单侧眼发病

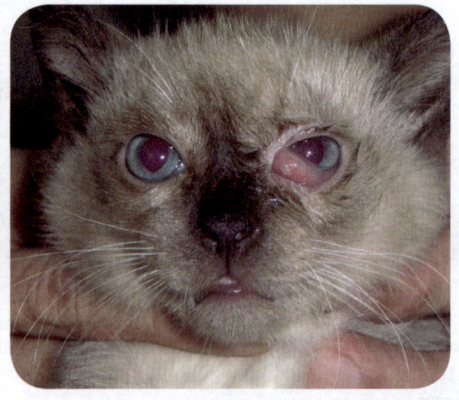
图1-1-2　6月龄猫单侧眼发病

手术适应证

第三眼睑腺增生物从内眼角向外突出，需要手术切除者。

手术步骤

（1）动物行全身麻醉，用青霉素生理盐水冲洗患眼，配合使用局部表面麻醉药。

（2）用有齿手术镊子夹持第三眼睑腺边缘，轻轻向外牵拉提起，以充分显露增生物（图1-1-3）。

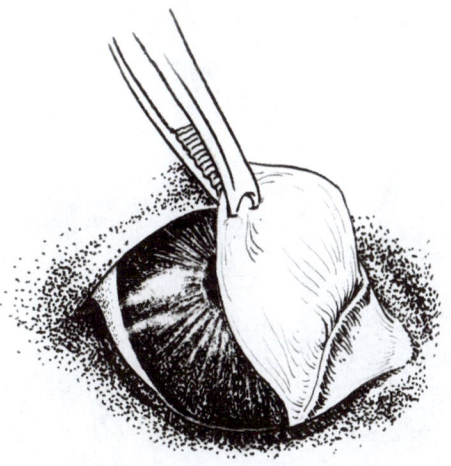

图1-1-3　提起第三眼睑腺

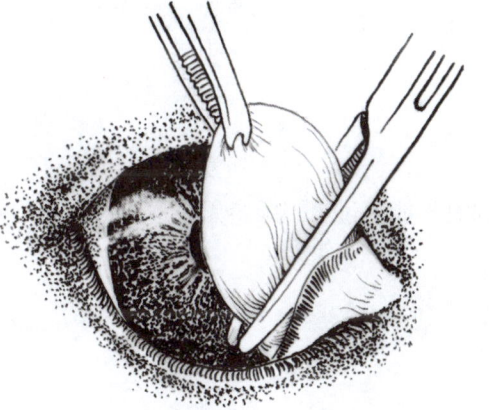

图1-1-4　用止血钳钳夹增生物基部

（3）用止血钳钳夹增生物基部，注意在尽量往基部钳夹的同时，止血钳不要超过第三眼睑的黑色边缘（图1-1-4）。

（4）用第二把止血钳反方向在第一把止血钳的上方夹住增生物的基部。固定第一把止血钳，用手指扣住第二把止血钳钳柄缓慢旋转，直至增生物被捻断为止（图1-1-5）。

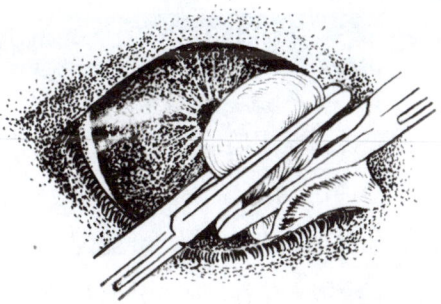

图1-1-5　在第一把止血钳上方反方向夹第二把止血钳

（5）松去第二把止血钳，第一把止血钳留置3～5min，并用蘸有肾上腺素的灭菌棉球按压被捻断的增生物基部断端片刻。使用此法一般术后无出血（图1-1-6）。

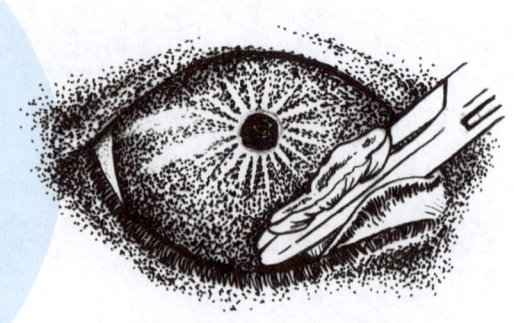

图1-1-6 捻断增生物后留钳3～5min

手术注意事项

（1）第一把止血钳在钳夹增生物基部时不能超过第三眼睑黑色边缘，不可伤及其以下部分，以免引起难以处理的大出血。

（2）旋转第二把止血钳时，要缓慢进行。

术后护理

术后一般不需要特别的护理。在动物清醒前观察患眼有无出血，如有出血，可在结膜囊内放置浸有肾上腺素的棉片，待出血停止后除去。

（二）眼睑外翻

眼睑外翻是眼睑缘向外翻转，导致睑结膜、球结膜向外翻露和角膜呈异常显露的状态（图1-1-7）。临床犬的下眼睑外翻多见。本病由多种原因引起，常见的有先天性原因，如圣伯纳犬、可卡犬、巴吉度犬、沙皮犬等多发。此外，眼睑手术和局部炎症所致的瘢痕或老年性的眼睑皮肤松弛等也可导致眼睑外翻。

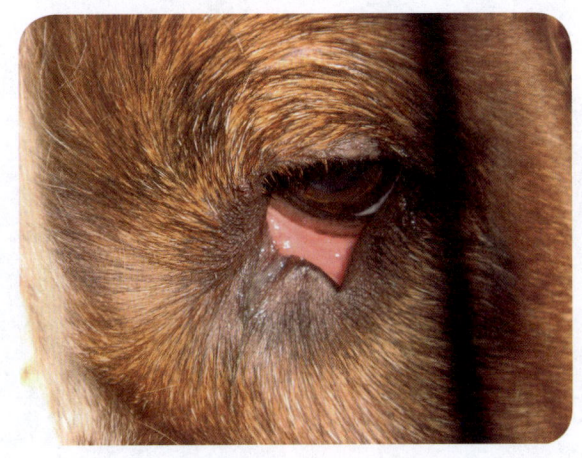

图1-1-7　4岁巴吉度犬下眼睑外翻

手术适应证

眼睑外翻经临床药物或其他方法治疗无效者，可用此手术矫正。

手术步骤

（1）动物行全身麻醉，用生理盐水冲洗患眼，眼睑外围剃毛，常规皮肤消毒。患眼处覆盖手术创巾。

（2）在距外翻的眼睑边缘2cm处的皮肤上作一"V"形切口（图1-1-8）。

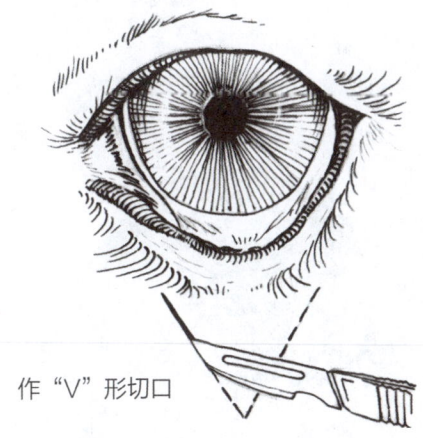

图1-1-8　作"V"形切口

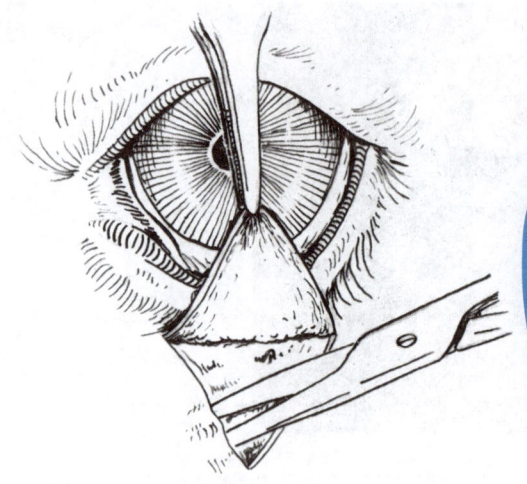

图1-1-9　分离皮瓣并潜行分离创缘周围皮下组织，使创缘周围皮肤松动

（3）用手术剪自切口的尖端向上分离皮瓣后，用手术镊子向上方掀起"V"形皮瓣。然后用手术剪在"V"形皮肤切口的创缘周围潜行分离皮下组织，使创缘周围皮肤松动（图1-1-9）。

（4）先从"V"形皮肤切口的下端往上作结节缝合，边缝合边向上推移皮瓣，直到外翻的眼睑得到充分矫正。再将眼睑两翼皮肤进行缝合。最后的一针缝合先由一侧皮肤进针，穿过上缘皮下组织，再由对侧皮肤出针，连接三边创缘，闭合三角形创口（图1-1-10）。

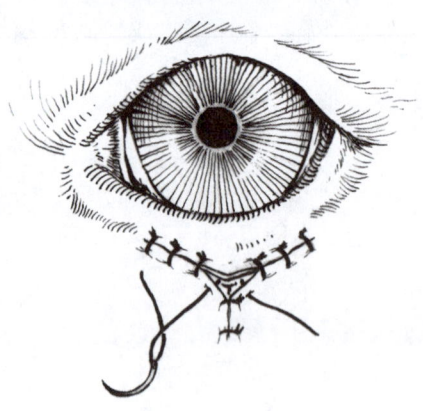

图1-1-10　最后一针缝合连接三边创缘，闭合三角形创口

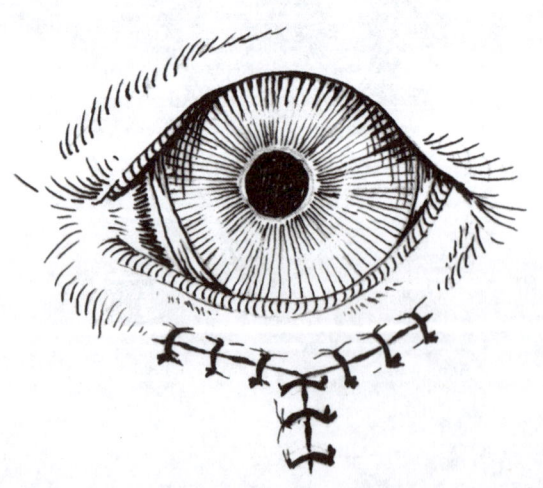

图1-1-11　皮肤缝合完成后呈"Y"形

（5）皮肤切口缝合完成后呈"Y"形，眼睑外翻得以矫正（图1-1-11）。

手术注意事项

（1）"V"形切口自下端向上缝合时，边缝边推移皮肤，以逐步矫正外翻。

（2）"Y"形分叉处角部最后一针的缝合必须按"手术步骤（4）"所要求的作特殊缝合，以免角部血液循环受阻，影响愈合。

术后护理

（1）术后防止动物搔抓眼部。

（2）创口部涂抗生素软膏，每日1~2次。

（3）根据需要全身使用抗生素进行抗感染治疗。

（4）眼药水（眼膏）点眼，每日2~3次，消除炎症。

（5）术后7~10d拆除缝线。

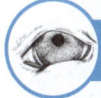

（三）眼睑内翻

眼睑内翻是睑缘内翻导致的睫毛反复刺激眼球的一种异常状态（图1-1-12、图1-1-13），临床犬多发。常见病因主要有两种：①先天性，沙皮犬、松狮犬等多发。②痉挛性，多继发于结膜和角膜的病变或眼内异物等眼睛局部的疼痛性疾病。另外，结膜外伤或炎症可以引起瘢痕性的眼睑内翻。

图1-1-12 2岁松狮犬下眼睑内翻，眼睛有分泌物

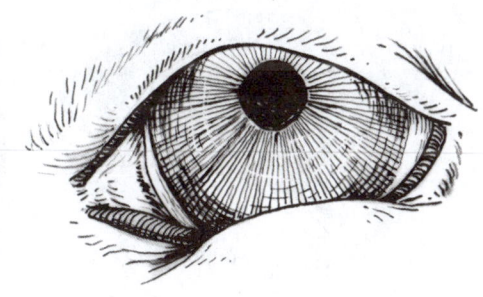
图1-1-13 内翻的眼睑

手术适应证

对先天性眼睑内翻来说，手术矫正是治疗本病的有效方法。

手术步骤

（1）动物行全身麻醉，用生理盐水冲洗患眼，眼睑外围剃毛，常规皮肤消毒。患眼处覆盖手术创巾。

（2）用有齿手术镊子在距睑缘2~4cm处，夹持眼睑内翻侧皮肤，轻轻提起，用直止血钳将皮肤夹住。夹持皮肤的宽度以内翻的眼睑能够矫正到正常位置为准，长度与内翻的睑缘相等（图1-1-14）。

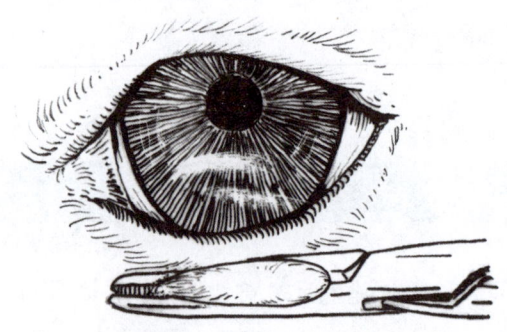

图1-1-14 止血钳夹起皮肤至内翻眼睑能够矫正到正常

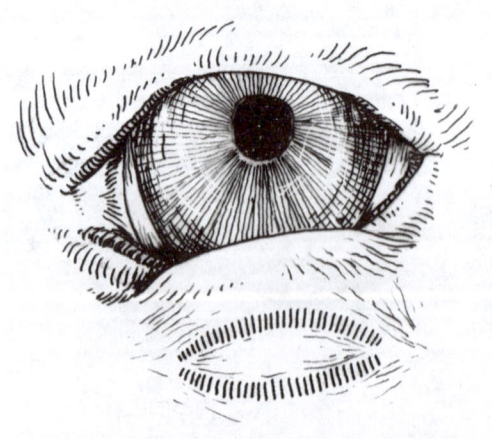

图1-1-15 钳夹部留有钳夹痕，皮肤形成皱褶

（3）用止血钳钳夹皮肤约1min，使被钳夹部的皮肤形成皱褶并留有明显钳夹痕（图1-1-15）。

（4）用手术镊子夹提起皮肤皱褶，用手术剪沿止血钳钳夹的压痕将皮肤剪除（图1-1-16），使皮肤切口呈椭圆形（图1-1-17）。

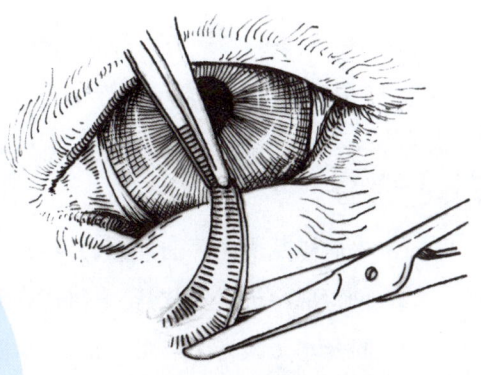

图1-1-16 沿钳夹痕剪除皮肤

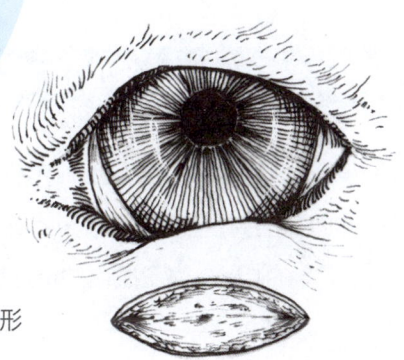

图1-1-17 皮肤切口呈椭圆形

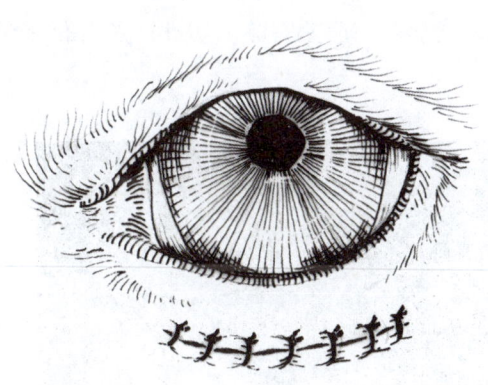

图1-1-18 结节缝合皮肤

（5）结节缝合切口皮肤。缝合完成后眼睑内翻即得以矫正（图1-1-18）。

手术注意事项

注意矫正的程度,避免术后发生眼睑外翻。

术后护理

(1)术后佩戴伊丽莎白项圈,以防止动物对创口部的搔抓。
(2)创口部涂抗生素软膏,每日2~3次。
(3)眼药水(眼膏)点眼,每日2~3次,消除炎症。
(4)术后7~10d拆除缝线。

(四)第三眼睑(瞬膜)覆盖术

在犬、猫等小动物的眼科疾病中,角膜容易因其他疾病而导致损伤、感染,如果在用药物治疗的同时配合施行瞬膜瓣覆盖术,则可促进角膜损伤愈合,提高对角膜损伤修复的疗效。另外,在眼球不完全脱出的治疗中,也可应用本手术以帮助眼球复位固定。

手术适应证

角膜损伤(浅表性、全层透创或穿孔)、角膜溃疡(图1-1-19)的辅助治疗及眼球不完全脱出(图1-1-20)的手术复位辅助治疗等。在前期对原发病进行妥当的处理后,可进行本手术。

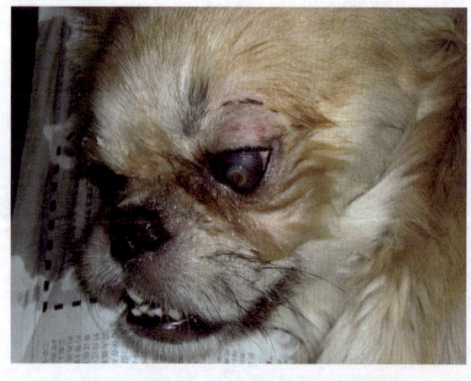
图1-1-19 5岁北京犬角膜溃疡

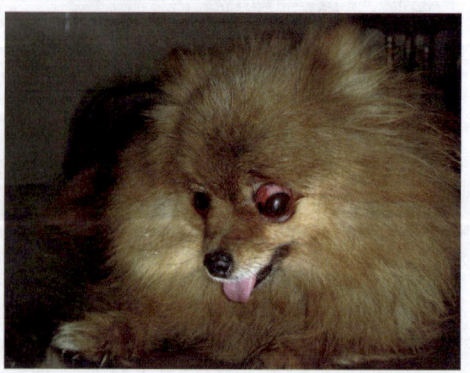
图1-1-20 2岁博美犬眼球不完全脱出

手术步骤

（1）动物行全身麻醉，上眼睑外围剃毛，常规皮肤消毒。用灭菌生理盐水清洗结膜囊和眼球表面。患眼处覆盖手术创巾。

（2）三棱针穿孔10号丝线，从上眼睑外侧结膜穹窿处进针（图1-1-21），用无齿手术镊子提起第三眼睑。

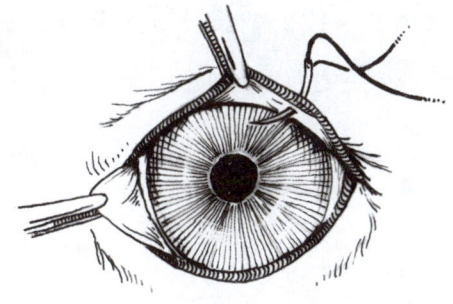

图1-1-21 从上眼睑外侧结膜穹窿处进针，用无齿手术镊子提起第三眼睑

（3）在距瞬膜边缘3mm处从瞬膜内侧（球面）进针，由外侧（睑面）出针（图1-1-22），再从瞬膜的睑面进针，球面出针，作纽扣缝合。

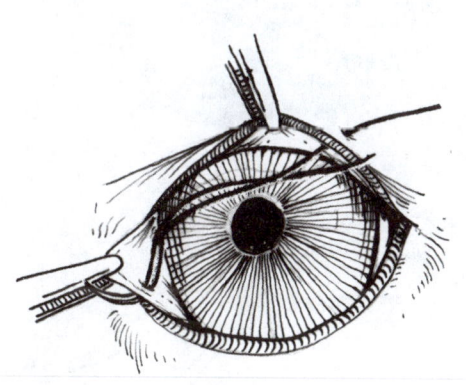

图1-1-22 从瞬膜内侧（球面）进针，由外侧（睑面）出针

（4）从上眼睑内侧进针，外侧出针，在一线尾套上灭菌的与针距等长的细胶管（图1-1-23）。

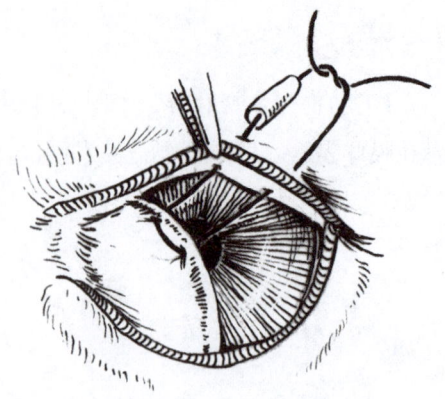

图1-1-23　作纽扣缝合，从上眼睑外侧出针，在一线尾套上灭菌的与针距等长的细胶管

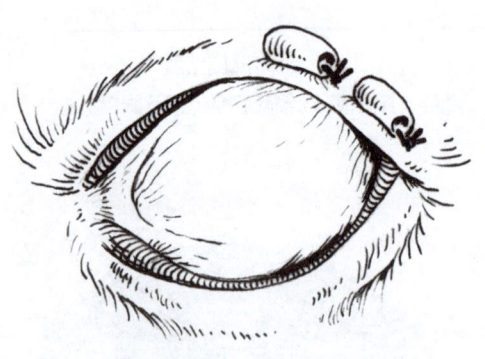

图1-1-24　完成第二个纽扣缝合，打结，使第三眼睑完全覆盖在眼球表面

（5）按同样方法完成第二个纽扣缝合，同时收紧两线尾，打结，使第三眼睑完全覆盖在眼球表面（图1-1-24）。

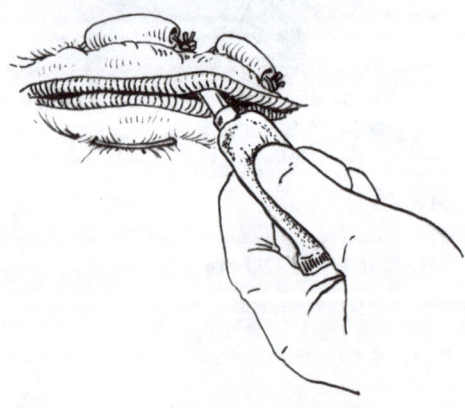

（6）水平纽扣缝合上、下眼睑，闭合眼睑。收紧缝线前，在瞬膜的球面涂抗生素眼膏，对局部有消炎和促进损伤愈合的作用（图1-1-25）。

图1-1-25　水平纽扣缝合上、下眼睑，闭合眼睑，在瞬膜的球面涂抗生素眼膏

手术注意事项

（1）术前先用有齿手术镊子夹持第三眼睑往上眼睑外侧方向拉，以确定缝合部位，保证术后覆盖完整。

（2）可以同时进行上、下眼睑的水平纽扣缝合，闭合眼睑，以保护患眼免受外界刺激。

术后护理

（1）术后防止动物搔抓眼部。

（2）每日用生理盐水清洗患眼周围，清理污痂及分泌物，保持患眼部清洁。

（3）由患眼内眦、外眦处，向结膜囊内挤入抗生素眼膏，每日1次。

（4）术后10～15d拆除缝线。

（五）眼球脱出

眼球脱出多发于短头品种犬，主要是因为打斗时的暴力作用，另外击打、冲撞或保定不当等，也可引起眼球的脱出。眼球完全脱出且时间过长，脱出时眼内多条肌肉断裂、视神经完全断裂、眼内容物严重破坏或已经挤出的，需要施行眼球摘除术。眼球不完全脱出且脱出时间短，无眼部组织的严重损伤的，可行眼球脱出复位术。

1. 眼球完全脱出摘除手术

手术适应证

眼球完全脱出，且有视神经和眼部肌肉的完全断裂；眼球严重损伤；角膜严重穿孔；眼内肿瘤及化脓性全眼球炎等（图1-1-26）。

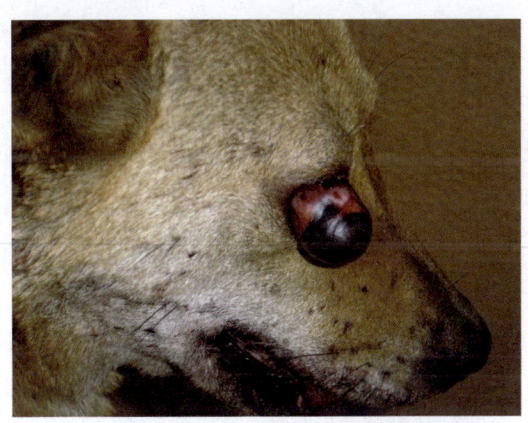

图1-1-26　2岁家犬眼球完全脱出，坏死

手术步骤

（1）动物行全身麻醉，配合眼球周围浸润麻醉或眼底封闭注射麻醉。侧卧保定，患眼在上。眼睑周围剃毛，常规消毒。

（2）用开睑器张开眼睑，或在上、下眼睑各作一牵引线将眼睑分别向上、向下牵引。用有齿手术镊子夹持球结膜缘，将眼球固定，在其外侧球结膜上用手术刀作环形切口（图1-1-27）。

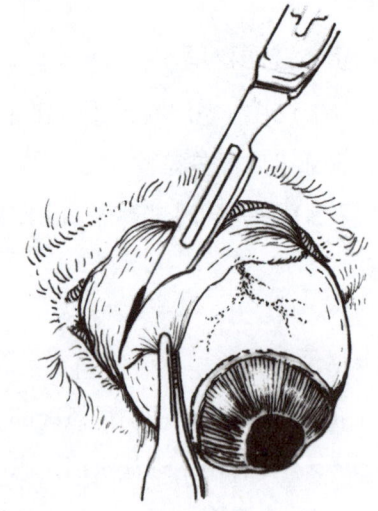

图1-1-27 在球结膜上作环形切口

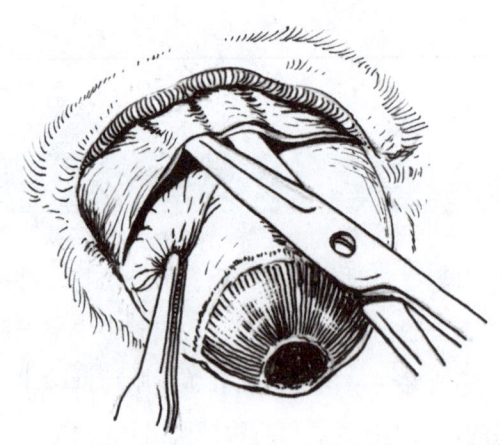

图1-1-28 潜行分离球结膜

（3）用手术剪沿巩膜外壁潜行分离球结膜（图1-1-28）。

（4）分离并剪断上、下斜肌和4条直肌：上直肌、下直肌、内直肌和外直肌（图1-1-29）。

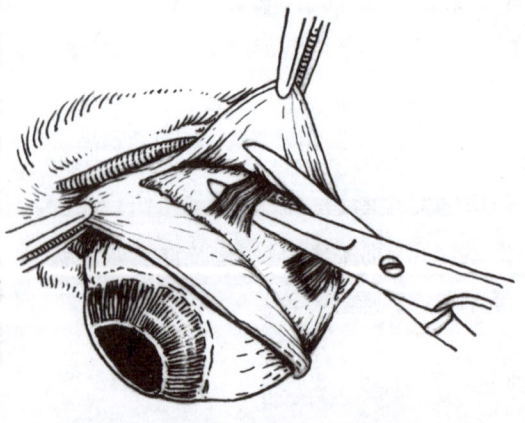

图1-1-29 分离并剪断眼肌

第一章 头部外科手术　015

(5) 将眼球向外牵引,用手术剪继续沿巩膜壁向后分离周围及球后组织(图1-1-30)。

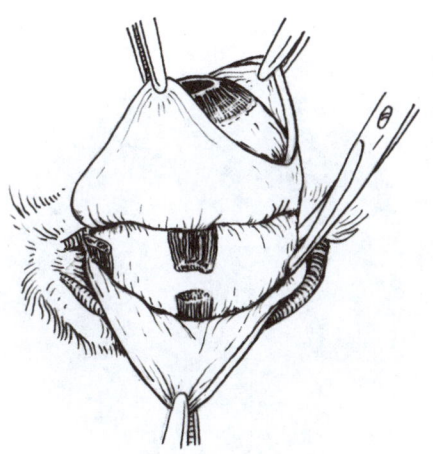

图1-1-30　分离球后组织

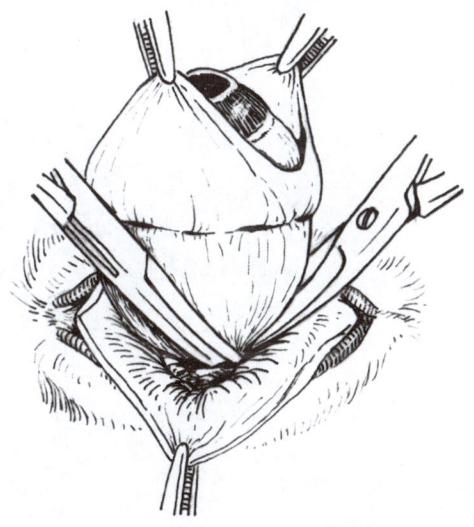

图1-1-31　剪断视神经、球后血管及眼球退缩肌

(6) 用弯止血钳在眼球后部夹住眼球退缩肌和视神经、球后血管,用弯手术剪在钳夹部的远心端剪断(图1-1-31)。

(7) 在钳夹部的近心端用缝线结扎眼球退缩肌和视神经、球后血管断端(图1-1-32)。

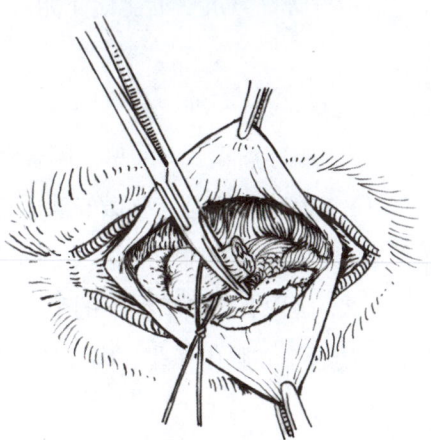

图1-1-32　结扎眼球退缩肌、视神经及球后血管断端

(8) 对接缝合眼球肌和眶筋膜，闭合眼眶内的空腔（图1-1-33）。

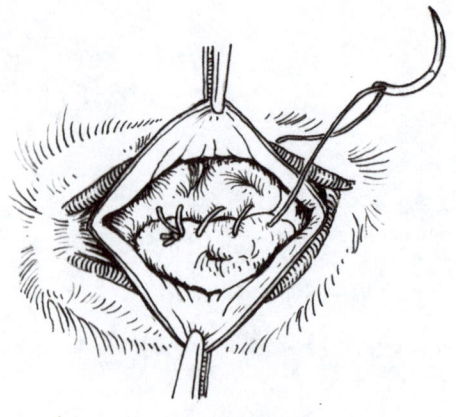

图1-1-33　缝合眼球肌和眶筋膜，闭合眼眶内的空腔

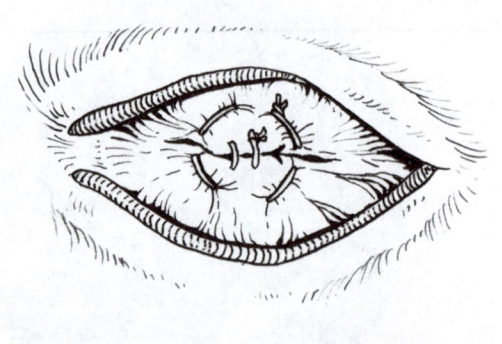

图1-1-34　缝合上、下结膜和筋膜囊

(9) 对接缝合上、下结膜和筋膜囊（图1-1-34）。

(10) 水平纽扣缝合上、下眼睑。

手术注意事项

(1) 眼球摘除后，要尽量闭合眶内空腔。

(2) 摘除眼球时，要做好球后动脉、静脉的结扎，避免出血造成眶内血肿。眼球摘除后眶内弥散性出血可行填塞纱布条止血，出血停止后再做其他处理。

(3) 眶内有感染情况下的手术，眼球切除后要彻底清创，必要时留置引流条，眼睑暂不闭合。在眶内净化、肉芽填充眶内空腔后，才可闭合结膜。

术后护理

(1) 术后3~4d可能会有少许渗出液经鼻泪管从鼻孔流出，眶内可能会有肿胀，要及时清理、消毒。

（2）需要引流的，每日清洁眶内并更换引流条。

（3）术后5~7d使用抗生素控制感染。眶内有感染情况下的手术，术后使用抗生素的时间要更长些。

（4）闭合眼睑后，由内眦、外眦处向眶内挤注抗生素眼膏，每日1~3次，并及时清洁患眼周围。

（5）术后5~7d可拆除眼睑缝线，术后7~10d拆除结膜缝线。

2. 眼球不完全脱出整复术

手术适应证

眼球脱出时间短、角膜完整、瞳孔对光反射好，眼部肌肉没有严重损伤（图1-1-35）。

手术步骤

（1）动物行全身麻醉。用生理盐水清洗患眼局部。

（2）用灭菌生理盐水浸湿的纱布轻轻地压迫推按脱出的眼球，使其还纳回眼眶内（图1-1-36）。

（3）进行第三眼睑覆盖术，以保护角膜，加强眼睑的缝合来固定眼球。

（4）上、下眼睑作两针水平纽扣缝合，在闭合上、下眼睑前可以往眼睑内涂布抗生素眼膏。

手术注意事项

（1）不完全脱出的眼球还纳回眼眶内前要进行保护。用灭菌生理盐水

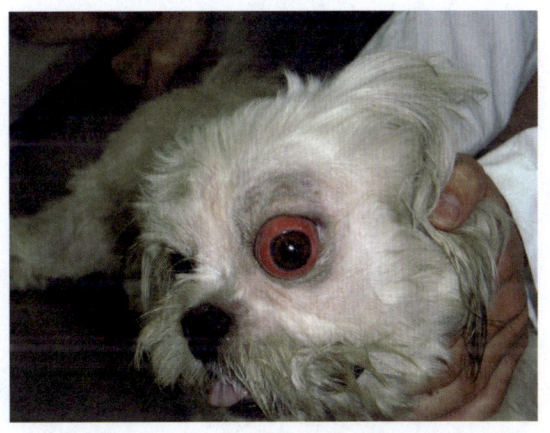

图1-1-35 1岁西施犬眼球不完全脱出

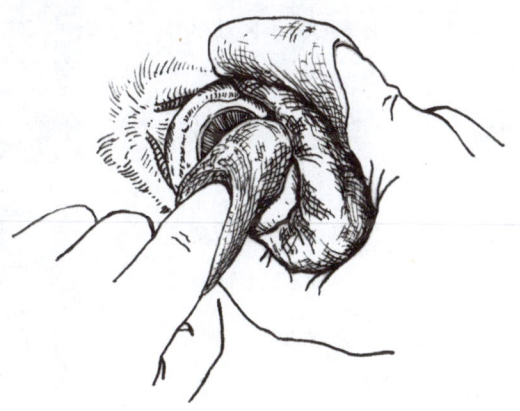

图1-1-36 压迫推按脱出的眼球，使其还纳回眼眶内

浸湿的纱布覆盖，避免眼球进一步受损伤。

（2）施术越早越好。

（3）术中还纳眼球动作要轻柔，用力方向与力度要准确适当。

（4）手术时注意保护角膜。

术后护理

（1）术后动物要保持安静，必要时给予镇静药物。

（2）术后要保定动物，避免动物搔抓患眼。

（3）由患眼内眦、外眦处挤注抗生素眼膏，1~2d护理1次，消除炎症。

（4）眼睑的闭合缝线及第三眼睑的缝线，至少要待眼睑肿胀消退3d后再行拆除，过早拆除易再次发生眼球脱出。

二　耳部手术

（一）耳血肿

耳血肿通常发生于犬、猫耳郭内侧面。耳朵大而下垂的犬多发，偶尔也会发生于耳郭的背外侧面。多因耳部的钝性外伤，耳局部的急性、慢性炎症，耳部感染寄生虫，导致动物剧烈搔抓耳部、摇头，损伤耳后动脉在耳郭内侧面的分支，从而引起耳郭皮下出血（图1-2-1）。

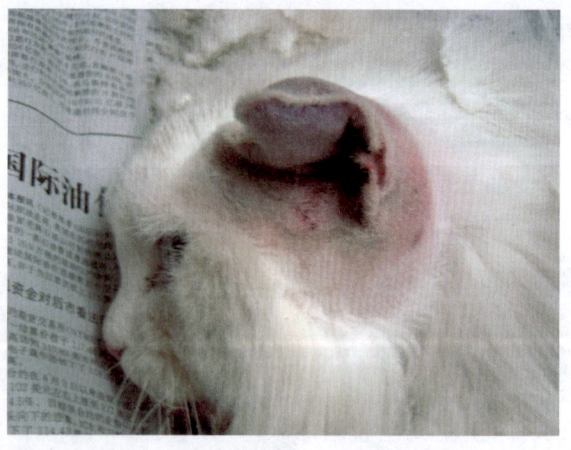

图1-2-1　猫外耳道感染耳痒螨而搔抓耳朵，发生耳血肿

手术适应证

形成时间较长，体积较大的耳郭血肿。

手术步骤

（1）动物行全身麻醉，耳部剃毛、消毒，用棉球充塞患耳外耳道，以防术中血液等流入外耳道。

（2）用注射器自血肿近耳尖部进针，从血肿腔内抽出积血，降低血肿腔内压（图1-2-2）。

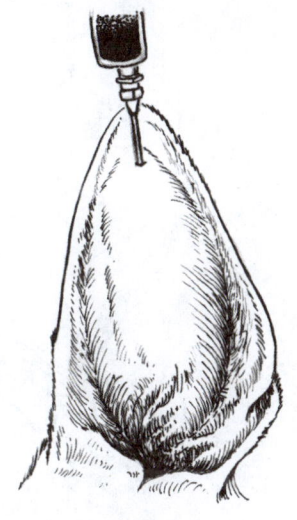

图1-2-2　用注射器抽出血肿腔内的积血

（3）在耳郭的内侧面血肿上，沿耳朵的纵轴作"S"形皮肤切口，切口长度与血肿相当，并用手术剪将两侧皮肤创缘各剪除2mm（图1-2-3）。

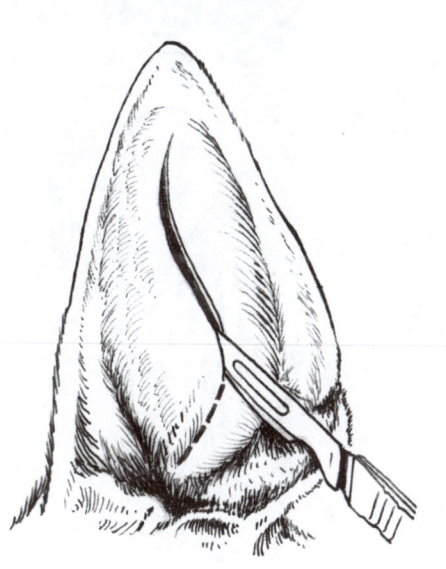

图1-2-3　在血肿上作"S"形切口

（4）用止血钳夹持灭菌生理盐水纱布，清理血肿腔内的血凝块及纤维蛋白团块。然后用生理盐水冲洗血肿腔（图1-2-4）。

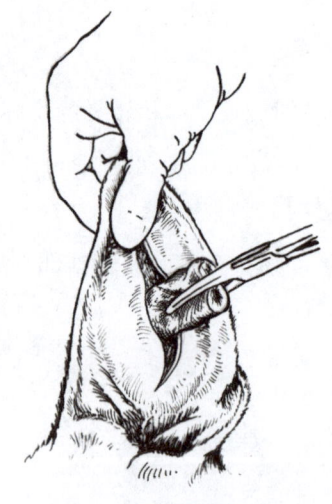

图1-2-4　清理血肿腔内的血凝块及纤维蛋白团块

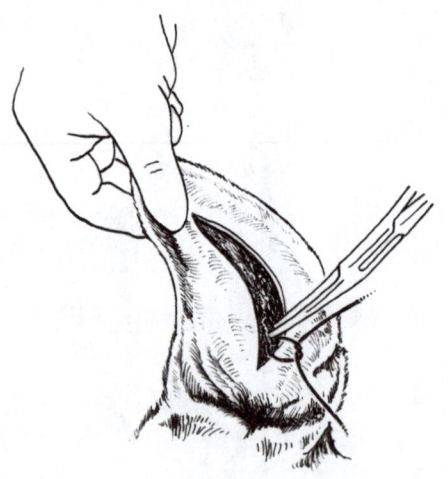

图1-2-5　找到并结扎血管断端

（5）找到血肿腔内的血管断端，用4号缝线结扎（图1-2-5）。

（6）用三棱针穿透耳郭全层，在血肿部位作多列的水平纽扣缝合，以闭合血肿腔。

缝合时从耳郭的背侧面进针，穿过全层到腹侧面，然后再从腹侧面进针，背侧面出针，在耳郭背侧面打结。缝合方向平行于耳朵的纵轴。

皮肤切口开放，以利于创内渗出液流出（图1-2-6）。

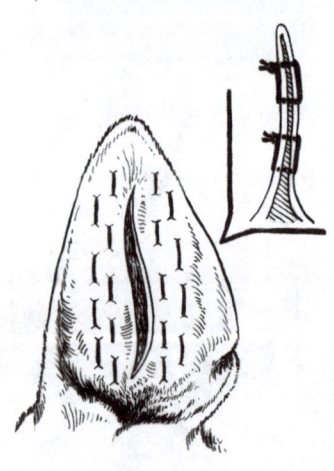

图1-2-6　作多列水平纽扣缝合，以闭合血肿腔

（7）也可在皮肤切口两侧，平行皮肤切口，作两个纱布棉垫压迫缝合，以闭合血肿腔（图1-2-7）。

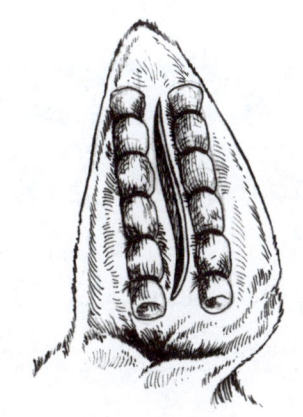

图1-2-7　平行皮肤切口，作两个纱布棉垫压迫缝合

手术注意事项

（1）术中要彻底清理血肿腔内的血凝块和纤维蛋白团块，切实结扎出血的血管断端。

（2）耳朵作全层水平纽扣缝合时，线结的走向要平行于耳朵的纵轴。缝合时要避免损伤耳郭背侧面的血管。

（3）用纱布棉垫闭合血肿腔，要基本覆盖血肿腔面积，不要留有死空腔。

术后护理

（1）患耳术后不必包扎，以利于渗出液排出。充填外耳道的棉球要经常更换。在更换棉球的同时，清洗消毒外耳道。

（2）血肿腔切口处经常消毒清理。在术后初期及时清理掉切口处的痂皮，防止切口封闭，保证渗出液顺利排出。

（3）术后严格禁止动物搔抓、摩擦患耳，避免再次出血。

（4）术后7～10d渗出液消失，切口处开始干燥结痂。视情况拆除缝线或纱布棉垫。但仍要对患耳进行保护，避免动物搔抓、摩擦，使患耳进一步愈合，直至痂皮自行脱落。

（5）患耳创口愈合后，原血肿处或出现皱缩现象，影响耳的美观。可对患耳进行轻柔的揉捏按摩，减轻或消除皱缩。

 （二）犬耳整容成形术

某些垂耳品种的犬，为了使耳郭直立，达到外形美观的目的，可以通过手术修整的方法来实现。个别情况下，为了修整破损的耳朵，也以此方法来解决。

需要施术的犬种因品种不同，施术时的年龄要求不同，施术时耳的保留长度也不同。一般施术年龄与耳长度要求如表1所示。在允许的年龄段内，越早施行手术，成功的把握越大。

表1　犬施术年龄与保留耳长度要求

品种	施术年龄	保留耳长度
小型雪纳瑞犬	10～12周龄	5～7cm
大型雪纳瑞犬	9～10周龄	6～7cm
杜伯文犬	7～8周龄	6.5～7cm
拳师犬	9～10周龄	6～7cm
大丹犬	7～8周龄	8～9cm
波士顿梗	任何年龄	尽可能长

手术适应证

（1）需要进行耳整容成形的幼犬，在达到施术年龄时，施行此手术。
（2）耳破损需要进行修整的犬，施行此手术。

手术步骤

（1）施术犬行全身麻醉，俯卧保定，头部要固定稳固。在下颌至颈部垫一棉枕，以抬高头部。用脱脂棉填塞外耳道，以防术中血液等流灌入外耳道。两耳郭常规剃毛、消毒。不在头部覆盖隔离创巾，保证术中明视手术区域。

（2）施术前，需要测量耳的长（高）度。测量从耳郭中央与头部连接处到耳尖的距离（图1-2-8）。测量完耳的长度后，对术后需保留的长度及形状进行测量和预计，并与头进行目测、比较。一般来讲，犬的年龄小，耳保留得稍长，反之稍短；公犬保留稍长，母犬稍短。耳整修后呈喇叭状或"马刀"状。

（3）在确定断耳要保留的长度后，将两耳提起，耳尖对齐，在需要保留的长度处用直针穿透两耳固定，以确保两耳的长度标记一致。然后用手术剪在此处剪一小口。此处即为断耳后的耳尖端（图1-2-9）。

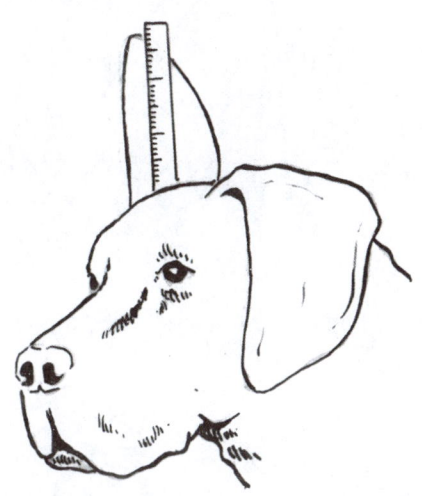

图1-2-8　对耳的长（高）度进行测量

图1-2-9　直针穿透两耳固定，然后用手术剪剪一小口

（4）拔掉直针，展平耳郭。自标记小切口向下至耳屏间切迹标记一弧线，而后向前延伸至耳屏，此即耳的截除线，弧线内的耳郭便是断耳后的新耳郭形状。因此，此道弧线的确定十分重要，决定了将来耳朵的美观程度（图1-2-10）。

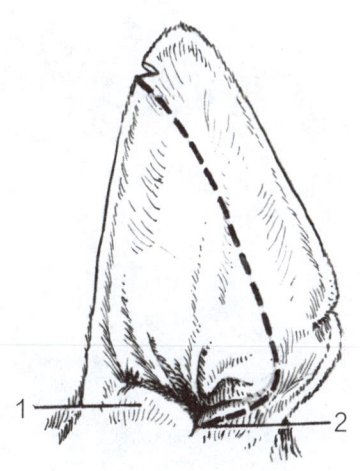

1.耳屏；2.耳屏间切迹。
图1-2-10　耳的截除线

(5)用带有弧度的专门的断耳钳或断耳夹,自标记处至耳屏间切迹处分别装置在两耳上。调整、展平耳郭。在调整时要注意两耳郭在钳(夹)的后方余出的部分是否相同,这关系到截除这部分后两耳的形状和大小是否一致(图1-2-11)。

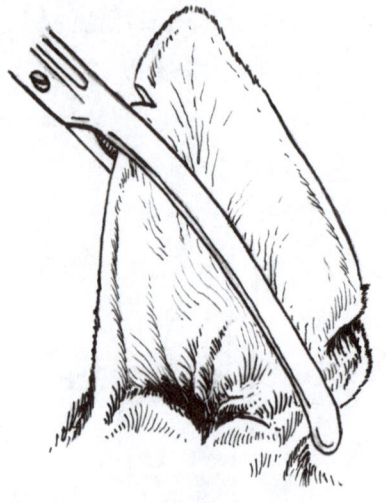

图1-2-11 装置断耳钳(夹)

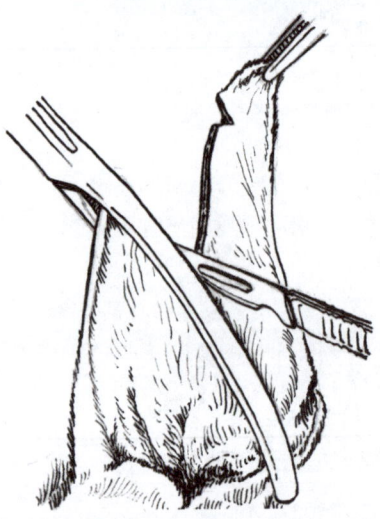

图1-2-12 自标记处将耳郭切至耳屏间切迹处

(6)用锋利的外科刀或剃须刀紧贴断耳钳(夹)自标记处将耳郭切至耳屏间切迹处(图1-2-12)。

(7)除去断耳钳(夹),用手术剪继续向前剪至耳屏,截去后方的耳郭(图1-2-13)。

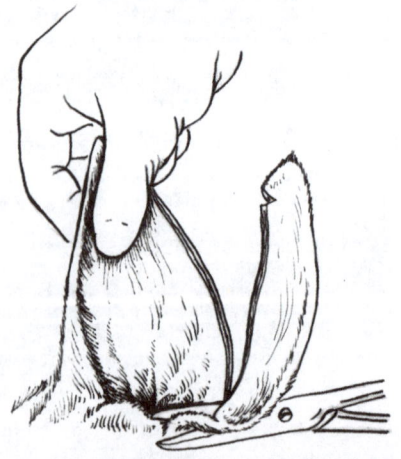

图1-2-13 用手术剪沿切口剪至耳屏,截断耳郭

（8）在对耳郭创缘较大的血管断端出血点进行钳夹捻转止血或结扎止血处理后，耳屏处切口用结节缝合法缝合皮肤（图1-2-14）。

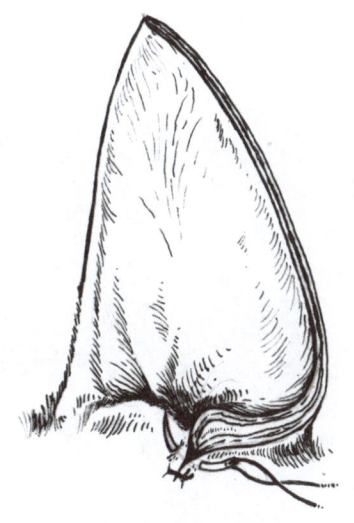

图1-2-14　结节缝合耳屏处切口

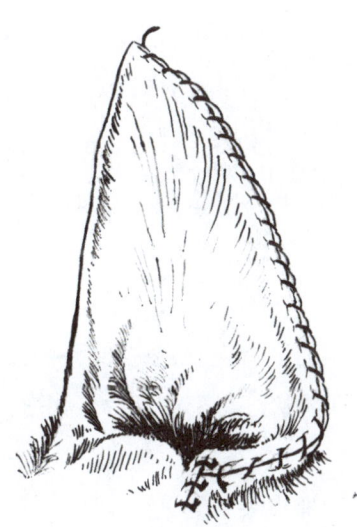

图1-2-15　连续缝合耳郭创缘，最后在耳尖处留2~3cm线尾，不必打结

（9）用直圆缝合针在距离创缘1~1.5mm处穿透耳郭腹背两面的皮肤及耳软骨，对耳郭创缘进行连续缝合。缝合时缝线不可拉缀过紧，用力要适中，耳郭腹背两面的皮肤尽量对合严密。缝至耳尖处时，不必打结，保留2~3cm线尾，剪断缝线（图1-2-15）。

（10）缝合完毕后，在耳郭内填塞锥状棉团，并用绷带与胶带固定。这种包扎不必过于牢固，待动物麻醉过后清醒时即可除去或由其自行脱落，因为这种包扎只是起到术后对耳缘创口压迫止血的作用（图1-2-16）。

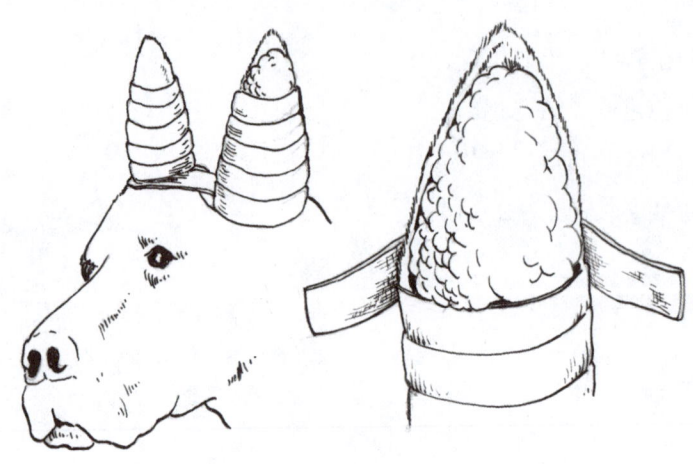

图1-2-16　缝合完毕后，在耳郭内填塞锥状棉团，并用绷带与胶带固定

手术注意事项

（1）耳截除的部分，除考虑保留部分形状及大小外，另一个重要的方面是要做到两耳尽量一致，这是术后耳朵美观很重要的基础。因此，不覆盖隔离创巾的目的就是便于术中进行观察、比较。

（2）截除耳郭的操作，要使用锋利的外科刀或剃须刀进行切割，这样切割的创缘整齐，愈合后美观。使用其他器械切割，或许创缘呈锯齿状，将来愈合后耳郭缘会不齐整，影响美观。

（3）截除耳郭后缘后，对创缘明显的耳血管断端出血点要认真进行止血，避免形成耳郭缘的小血肿，影响愈合。可进行钳夹捻转止血，或进行结扎止血。如果使用专用的、带有电烧烙功能的断耳钳进行断耳，可使出血问题的处理变得简单。对于影响缝合操作的弥散性出血，可在距离创缘1～1.5cm处再次用断耳钳或断耳夹夹住，使出血暂时停止，待缝合完后再松去。但是对于耳血管断端的出血不可以此法处理。

（4）耳郭创缘的连续缝合用力要适中，缝线不可过紧，造成耳缘皱缩曲折。尤其耳尖处更需注意，避免术后耳尖弯曲。缝合时注意使耳郭腹面、背面的皮肤对合，避免耳软骨显露。缝合的针距（每针的距离）与边距（进针处与创缘的距离）保持均匀一致，才能在愈合后使耳缘整齐。

📋 术后护理

（1）术后的耳多数不需要包扎，临时包扎的棉团和绷带在动物清醒后即可除去。

（2）术后防止搔抓耳部，必要的情况下要佩戴伊丽莎白项圈以保护耳部。

（3）术后耳部创缘会形成血痂。血痂过厚、过多或粘有污物时，为防止痂下发生感染化脓，要进行清除。清除血痂后，将创缘消毒，并涂布抗生素软膏。因为术后耳部疼痛，动物对触摸耳部抗拒强烈，所以这些操作需要在全身麻醉的情况下进行。

（4）术后7d拆除缝线。

（5）如术后耳发生下垂，可用棉团填塞耳道，于耳基部包扎，5d左右拆除。如不能一次性使耳竖立，可反复进行这样的包扎，直至耳直立为止。

三　口腔手术

（一）拔牙术

📋 手术适应证

犬、猫患龋齿、齿髓炎、齿松动、断齿或多生齿、齿错位等，需要施行拔牙术进行治疗。另外，为防止犬、猫攻击人畜，也可以通过本手术拔掉动物的犬齿。

📋 手术步骤

（1）动物行全身麻醉，取前低后高（防止术中血液及其他液体流入咽喉）侧卧位保定。用开口器打开口腔，充分显露需拔除的牙齿，清洗并进行局部消毒。

(2)确定齿根部的齿龈预定切开线(图1-3-1)。

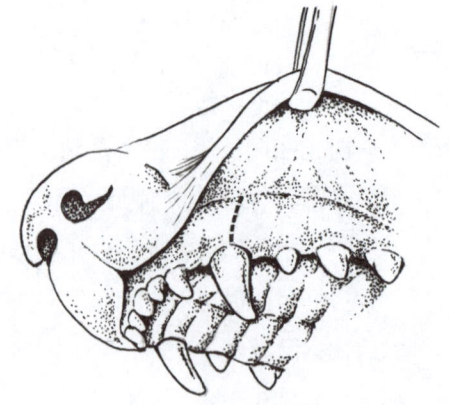

图1-3-1 确定齿龈预定切开线

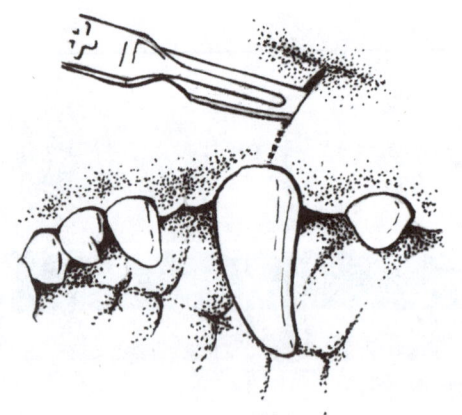

图1-3-2 切开外侧齿龈

(3)在拔除犬齿时,因齿根粗长强大,要沿齿外侧中央切开齿龈(图1-3-2)。

(4)向两侧剥离并牵开齿龈(图1-3-3)。

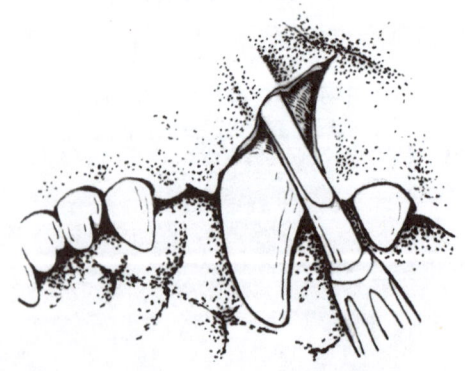

图1-3-3 向两侧剥离齿龈

（5）充分显露外侧齿槽骨板（图1-3-4）。

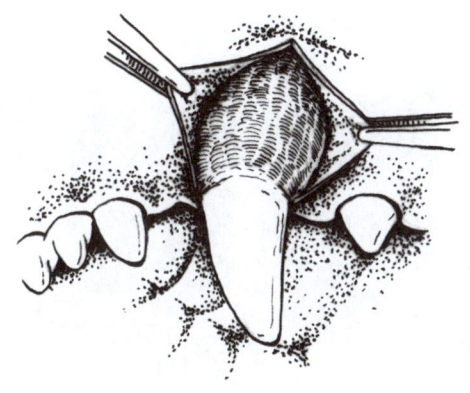

图1-3-4　显露外侧齿槽骨板

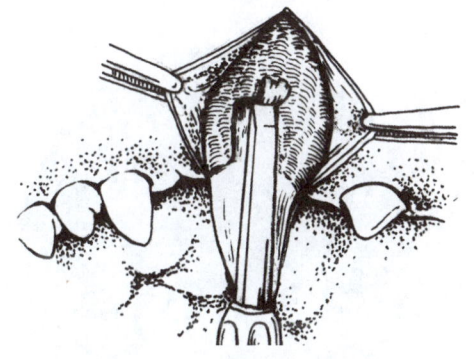

图1-3-5　逐步切除外侧齿槽骨板

（6）用齿凿逐步切除外侧齿槽骨板（图1-3-5），显露齿的外侧面。

（7）用圆形齿凿冲开齿的前缘、后缘和齿槽（图1-3-6），撕破齿周膜。此时齿处于半游离状态。

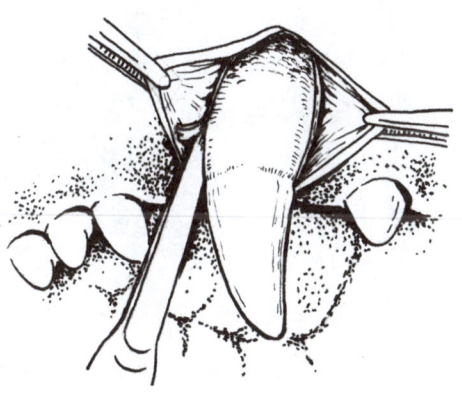

图1-3-6　冲开齿的前缘、后缘和齿槽

（8）用齿钳夹持齿冠加以撬动或旋转即可使牙齿松动，然后将其拔除（图1-3-7）。

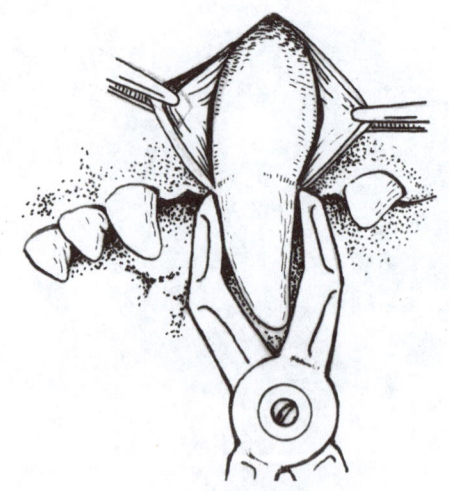

图1-3-7 夹持齿冠将其拔除

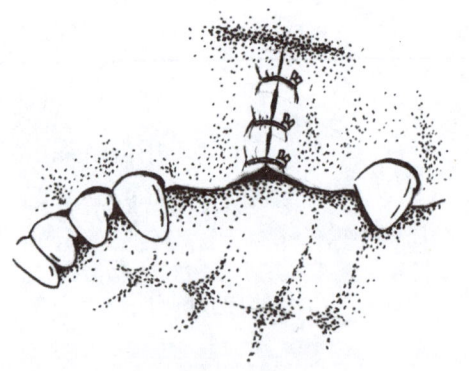

图1-3-8 缝合齿龈切口

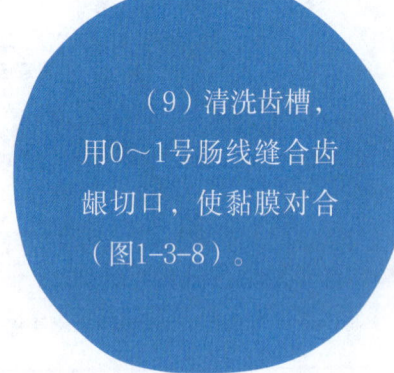

（9）清洗齿槽，用0～1号肠线缝合齿龈切口，使黏膜对合（图1-3-8）。

手术注意事项

（1）犬齿因齿根粗长强大，齿的后面有弧度，埋藏部分很粗大，单纯用齿钳松动或拔除非常困难。手术时要将外侧及前缘、后缘齿槽骨板切除后，齿才较容易拔除，不可硬性拔除。

（2）此手术出血一般很少，多数无须填塞齿槽止血。

（3）要警惕动作粗暴或硬性拔除牙齿时可能导致上颌骨、下颌骨骨折。也可能出现同侧鼻孔出血（上颌骨骨折），下犬齿齿槽出血难止，齿槽周围术后肿胀、有骨摩擦音（下颌骨骨折）等症状。

术后护理

（1）术后保持口腔清洁，经常喂给淡盐水。术后拆除缝线前，每日用碘甘油消毒齿龈创口1~3次。

（2）根据情况使用抗生素抗感染。

（3）术后给予较软的食物喂养，食后清洗口腔。

（4）缝线如使用可吸收肠线，不需拆线。使用丝质缝线时，术后5~7d可拆除。

（二）舌下囊肿切除术

唾液腺（舌下腺、下颌腺、腮腺和颧腺）导管外伤、破裂或炎症等都会引起唾液腺囊肿。舌下腺更容易患病，发病时会引起舌下组织囊肿，即舌下囊肿，这是犬、猫临床最常见的唾液腺疾病。舌下囊肿多是在咀嚼时，舌下腺导管被异物损伤所致。一旦发病，因咽部受阻，会引起呼吸、进食和吞咽困难（图1-3-9）。

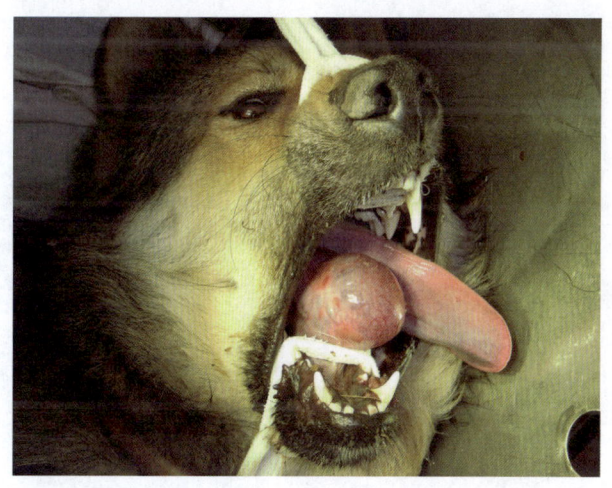

图1-3-9　5岁家犬舌下囊肿

手术适应证

犬、猫的舌下囊肿对其进食、呼吸、吞咽等产生影响的，需要进行手术治疗。

手术步骤

(1) 动物行全身麻醉,侧卧保定。清洗口腔,并局部消毒。

(2) 将舌向外牵拉出口腔,充分显露舌下囊肿,用手术刀椭圆形切开囊壁周围的黏膜层(图1-3-10)。

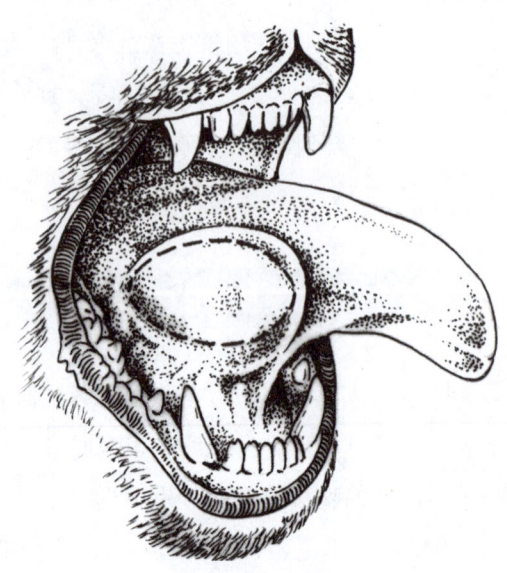

图1-3-10 椭圆形切开囊壁黏膜层

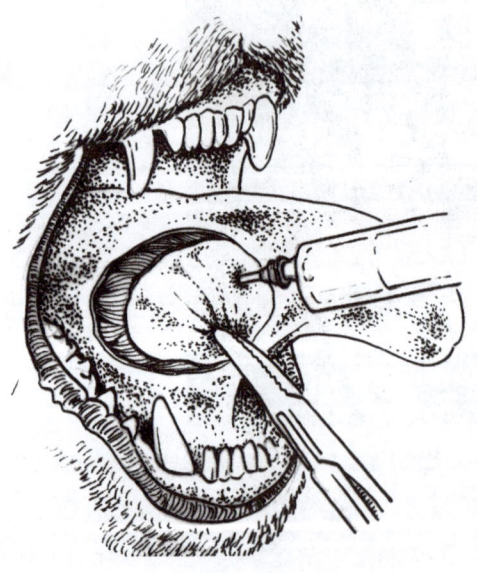

图1-3-11 用注射器抽取囊肿内容物

(3) 用注射器抽取舌下囊肿内液状内容物后,对发生时间较长、有囊壁增生或肉芽生长的囊肿,沿囊壁黏膜切口用手术剪剪除外突的囊肿壁全层(图1-3-11)。

（4）将剩余的囊肿壁或肉芽组织缝合在舌下黏膜上，以开放切口进行引流，待其二期愈合（图1-3-12）。

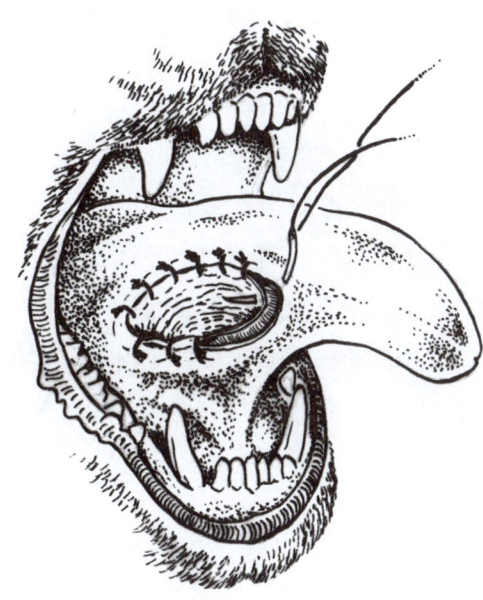

图1-3-12　缝合囊肿壁切口创缘

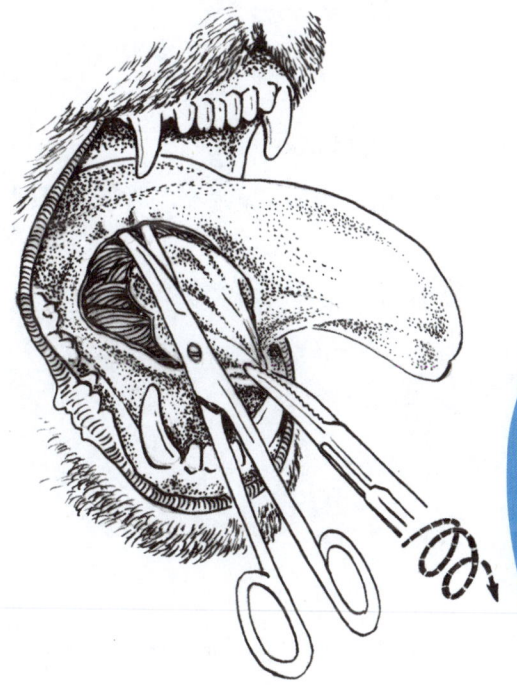

图1-3-13　止血钳捻转并向外牵拉，用手术剪剥离囊肿

（5）对发生时间较短且无囊壁增生或肉芽生长的囊肿，在抽取完囊内液体、囊壁瘪塌后，用止血钳连同黏膜夹住囊壁进行捻转并向外牵拉。与此同时，用手术剪将囊肿壁与周围组织进行钝性分离，直至将囊肿完整地剥离掉（图1-3-13）。

（6）囊肿剥离后，用4号缝线作连续缝合以闭合创口。缝合时不必打结，这样在拆线时只需拉住缝线一端拽出即可（图1-3-14）。

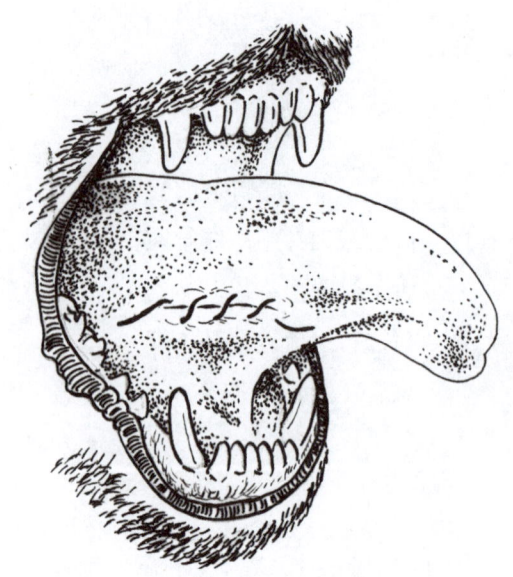

图1-3-14　连续缝合以闭合创口，缝合时不打结

手术注意事项

（1）囊肿的状态决定了手术的处理方式，所以要准确判断。

（2）囊肿开放处理时，周围缝合不必过于严密，但一定要将囊肿壁与舌下黏膜创缘缝合固定，以防创口过早闭合形成新囊肿。

（3）摘除囊肿时，注意摘除要完整，不可留有残存囊壁组织，避免将来复发新囊肿。

术后护理

（1）术后注意口腔清洁。

（2）术后给予较软、较易吞咽的固形食物喂养。

（3）根据情况使用抗生素抗感染。

（4）开放引流创口的缝线多数能自行脱落，但在术后要经常检查创口处的愈合情况，在创口将要完全闭合前将残余的缝线完全拆除。

（5）完整摘除囊肿后缝合创口，术后5~7d可拆除缝线。

（三）经口腔声带切除术

经口腔通路切除声带，由于受到手术通路的限制，声带的切除并不能达到令人满意的、完全消除发音的程度。在术后一段时间可恢复发音，和原来相比声音会发生很大的变化。

手术适应证

出于某些特殊原因，需要动物在短时期内消音，可施行本手术。

手术步骤

（1）本手术以犬为例，犬行全身麻醉，采取前低后高俯卧保定，头部要保定好，开口器打开口腔。为防止术中动物因出现反射性呛咳而影响手术操作，可用2%丁卡因喉头喷雾进行表面麻醉。

（2）用开口器将犬的口腔打开。将舌向外牵拉，以显露喉部。用组织钳夹持会厌软骨，并向颈腹侧方向拉开，以充分显露犬的声门（图1-3-15）。

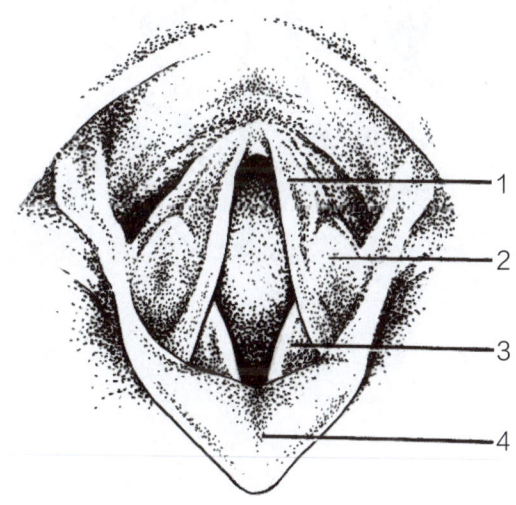

1.杓状软骨；2.楔状软骨；3.声带；4.会厌软骨。

图1-3-15　犬声门结构

（3）用组织钳夹持会厌软骨向外牵拉，用子宫颈切片钳从声带背侧向下切除至其腹侧处（图1-3-16）。

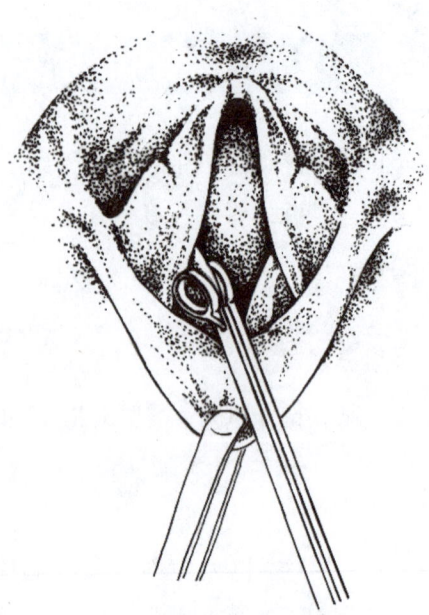

图1-3-16　子宫颈切片钳切除声带

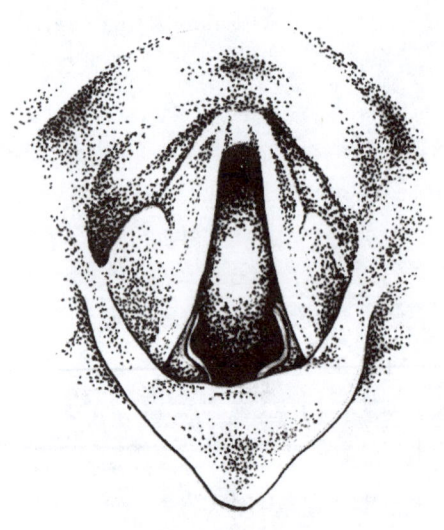

图1-3-17　切除两侧声带

（4）两侧声带切除后（图1-3-17），用止血钳夹持浸有肾上腺素生理盐水的棉球压迫局部片刻止血（图1-3-17）。

手术注意事项

（1）经口腔切除声带时不可损伤喉部软骨（杓状软骨、楔状软骨）。

（2）声带切除后的出血在压迫后会很快止血，但在动物麻醉苏醒前应放低动物头部，使血液流到口腔外，防止误吸入气管。

📋 **术后护理**

（1）术后将犬放置于安静环境饲养，尽量减少激惹和外界刺激引起吠叫，以求尽量延长犬消音期时间。

（2）术后用抗生素3~4d，预防创口感染。

（3）术后应尽快让犬苏醒，以保证犬呼吸道畅通。

（4）术后7~10d拆除皮肤缝线。

（5）犬保持安静，尽量不要有吠叫的动作，以利于声带切口的愈合。

（6）术后2~3d可喂给流质食物。

第二章

颈部外科手术

一　颈腹侧喉室声带切除术

为了消除犬、猫吠叫带来的噪声，降低其音量和音调，可用手术方法切除声带。颈腹侧喉室声带切除术可以使犬、猫永久性消除叫鸣声。

手术适应证

由于爱吠叫或吠叫声过大，影响到主人及邻居生活、休息的家犬、家猫，通过手术以减小或消除其叫鸣声。

手术步骤

（1）本手术以犬为例，犬行全身麻醉，仰卧保定。将头颈拉直，固定头部，并在枕部垫一棉枕或毛巾卷，使咽喉部突起。颈部咽喉处腹侧剃毛，常规消毒（图2-1-1）。

（2）沿甲状软骨突起处纵向依次切开皮肤（图2-1-2）、浅筋膜，钝性分离胸骨舌骨肌（图2-1-3）。

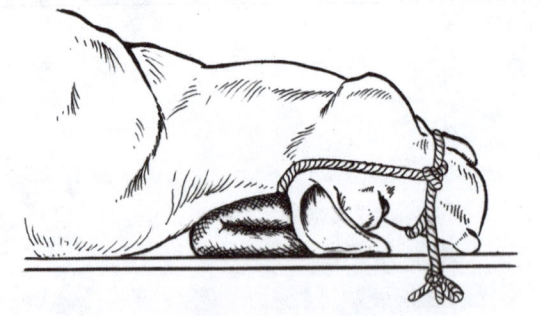

图2-1-1　犬仰卧保定，头颈拉直，在枕部垫一棉枕或毛巾卷，使咽喉部突起

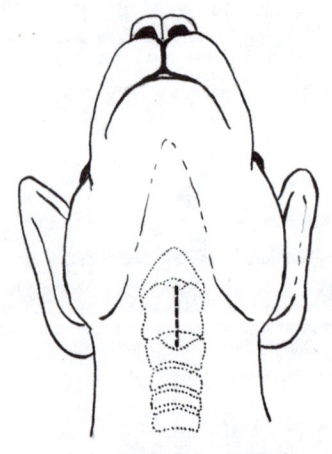

图2-1-2　在甲状软骨突起处切开皮肤

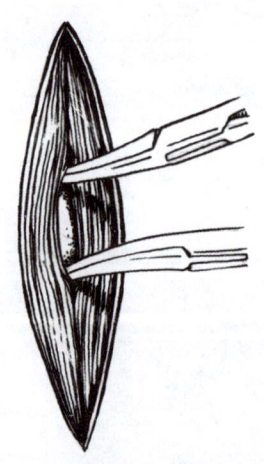

图2-1-3　钝性分离胸骨舌骨肌

（3）用小拉钩牵拉开创口，充分显露甲状软骨。用手术刀沿甲状软骨突起正中线纵向切开甲状软骨（图2-1-4）。

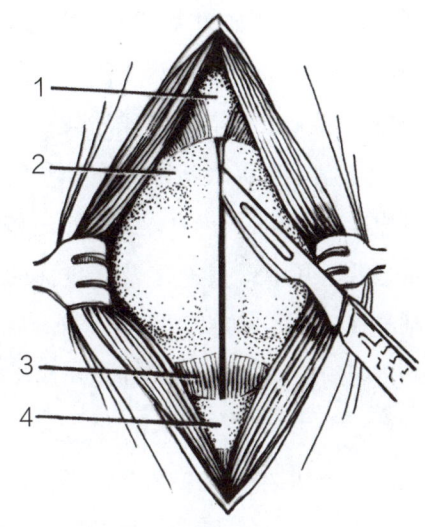

1. 会厌软骨；2. 甲状软骨；
3. 环甲韧带；4. 环状软骨。

图2-1-4　用手术刀沿甲状软骨突起正中线纵向切开甲状软骨

（4）用组织钳夹持甲状软骨创缘，向两边拉开，充分显露喉室和声带（图2-1-5）。向喉室内用2%丁卡因或4%普鲁卡因喷雾后，用有齿手术镊子或止血钳夹持声带，用弯头组织剪从声带基部将其完整剪除（图2-1-6）。用同样方法切除对侧声带。

剪除声带时要避开喉室背侧的喉动脉分支，以避免出血。一旦喉动脉分支出血，要采用电凝法或结扎法止血。

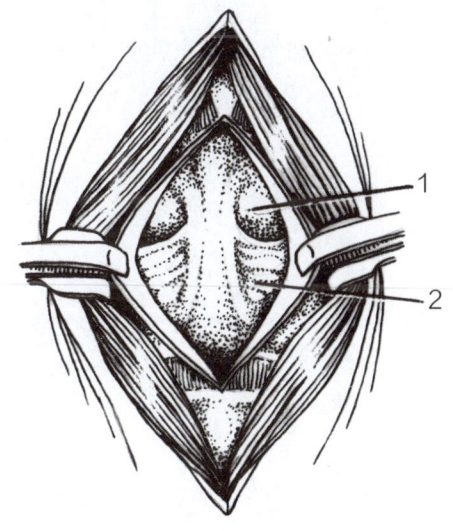

1. 喉侧室；2. 声带。

图2-1-5　显露喉室和声带

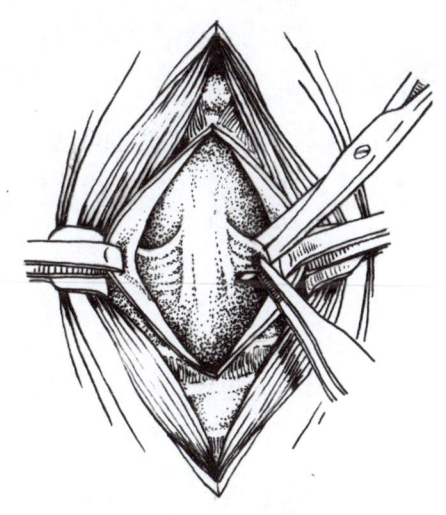

图2-1-6　用弯头组织剪剪除声带

（5）用止血钳夹持浸有盐酸肾上腺素的小纱布条填塞压迫喉侧壁创口止血，填塞时喉室后部应留有空间保证呼吸，也可采用电灼法止血。应彻底清除喉室和气管内的血液及血凝块。用带有4号丝线的小三棱针穿过喉室黏膜、甲状软骨全层及其表面的筋膜，作结节缝合（图2-1-7）。连续缝合胸骨舌骨肌和皮下组织，结节缝合皮肤。

📋 手术注意事项

（1）颈腹侧喉室声带切除术中，在缝合甲状软骨时，缝线要穿过包括喉黏膜的喉室全层。软骨创缘要对合严密，切不可两创缘上下错开，以免术后呼吸气流冲出，形成颈部皮下气肿。

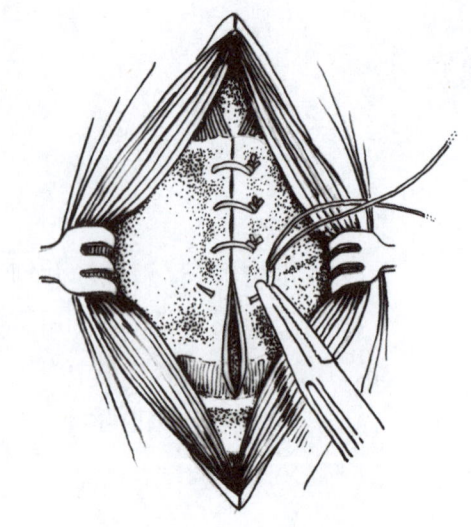

图2-1-7　结节缝合甲状软骨

（2）声带切除后的出血在压迫后会很快止血，但在动物麻醉苏醒前应放低动物头部，使血液流到口腔外，防止误吸入气管。

📋 术后护理

（1）术后应尽快让犬苏醒，以保证犬呼吸道畅通。

（2）术后用抗生素3~4d，预防创口感染。

（3）术后将犬放置于安静环境饲养，尽量减少激惹和外界刺激引起吠叫，以求尽量延长犬消音期时间。

（4）术后7~10d拆除皮肤缝线。

二 颈部食管切开术与食管部分切除术

当犬、猫在采食过急或嬉戏时，食团、骨头、玩具等异物滞留或卡在食管内，通常会引起食管完全或不完全阻塞（图2-2-1），边缘尖锐的食管内异物还会刺伤食管导致穿孔（图2-2-2）。异物长时间滞留食管，会对食管壁造成机械性压迫，引起食管壁局部坏死或破裂。

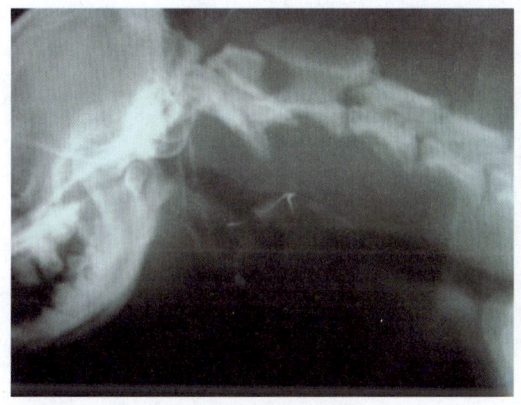
图2-2-1 犬食管内有骨头样异物

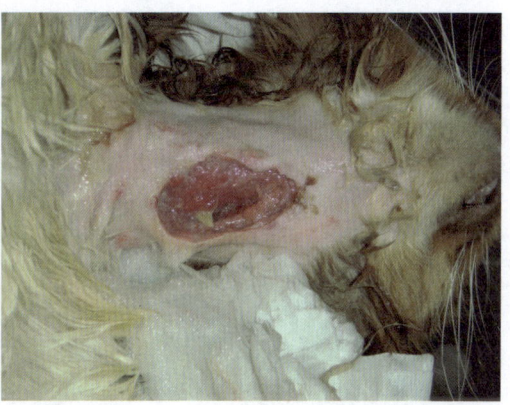
图2-2-2 猫食管内异物导致穿孔

手术适应证

发生食管梗阻的犬、猫，用一般保守疗法无法解决时，需要采取食管切开术。如果食管梗阻发生时间长，导致食管壁坏死、破裂或食管肿瘤、肉芽肿及食管狭窄等，需要进行食管部分切除术。

手术步骤

1. 颈部食管切开术

（1）动物行全身麻醉，颈腹侧剃毛、常规消毒，仰卧保定。

（2）在颈腹侧，从喉头到胸腔入口处在中线纵向作皮肤切口（图2-2-3）。

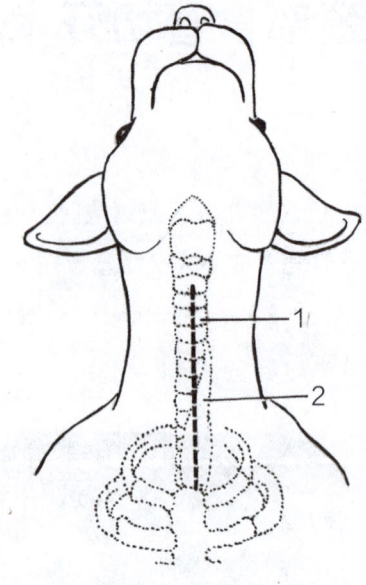

1. 气管；2. 食管。

图2-2-3　颈腹侧皮肤切口

（3）钝性分离皮下组织和胸骨舌骨肌，显露气管。向气管左侧分离，寻找食管梗阻部位，通常食管内阻塞物的存在可以指示食管和食管梗阻的部位。在个别情况下，可能需要插入胃导管来帮助指示食管的梗阻部位。分离食管周围组织，显露食管梗阻部（图2-2-4）并向两端分离，使之游离。

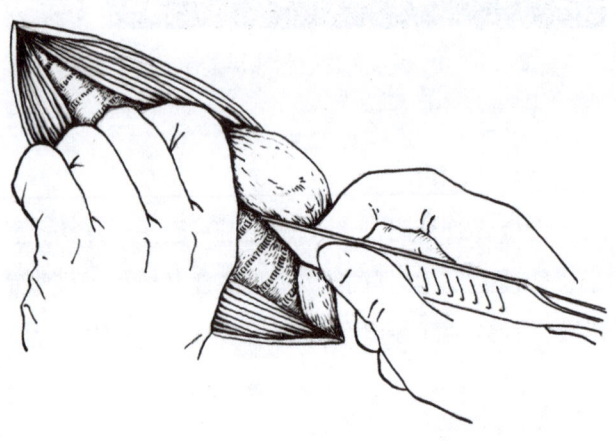

图2-2-4　显露气管和食管梗阻部

（4）将食管梗阻部游离后，用纱布带置于梗阻部两端，提起梗阻部食管，并用浸有生理盐水的灭菌纱布隔离梗阻部位。如果食管梗阻发生时间短，食管没有发生坏死时，可以直接在梗阻部纵向切开食管全层，切口大小以能取出梗阻物为度（图2-2-5），取出食管梗阻部的异物（图2-2-6）。

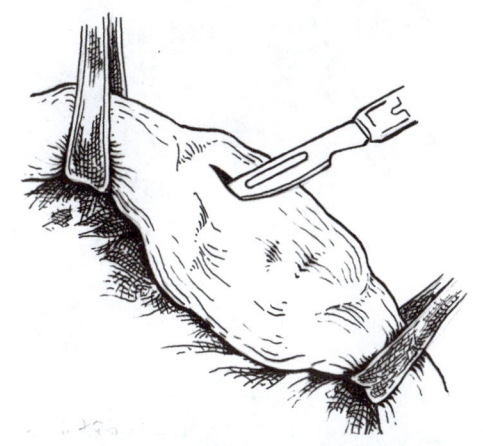

图2-2-5　隔离食管梗阻部，切开食管全层

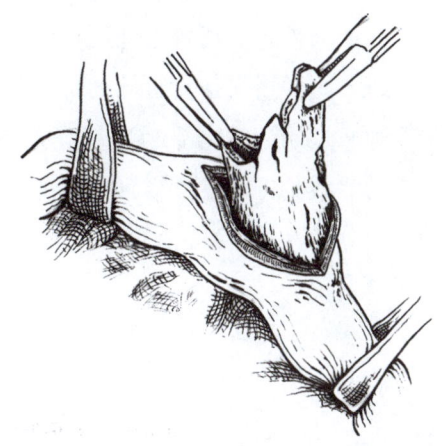

图2-2-6　取出梗阻部异物

（5）清洗食管切口，用1～4号缝线进行两层缝合。

第一层：黏膜和黏膜下层进行连续螺旋缝合（图2-2-7）。第二层：外膜和肌层进行间断垂直内翻缝合（图2-2-8）。缝合要细密，防止内容物外泄造成食管瘘。外膜与肌层组织内翻不可过度，避免导致食管狭窄。

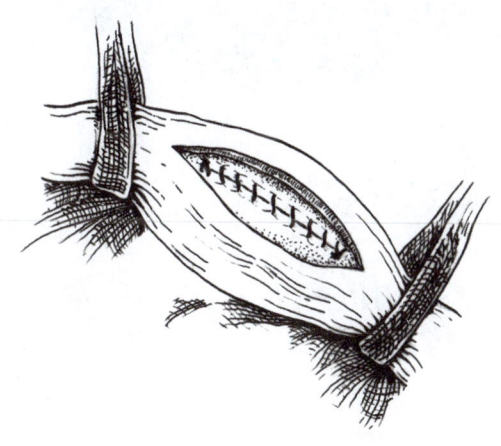

图2-2-7　螺旋缝合黏膜和黏膜下层

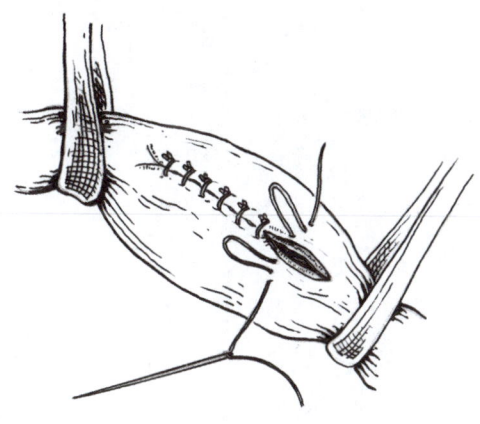

图2-2-8　间断垂直内翻缝合外膜和肌层

2. 食管部分切除术

（1）用浸有生理盐水的灭菌大纱布隔离食管和周围组织，用肠钳夹住食管坏死部外远、近端的健康部，距离预定切除线约3cm处，然后将坏死部分切除（图2-2-9）。

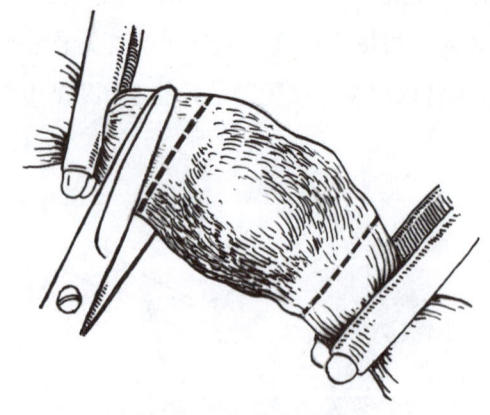

图2-2-9　切除坏死食管

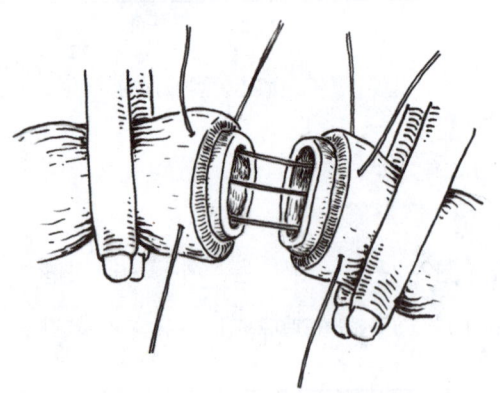

图2-2-10　作预置定位牵引线

（2）将两肠钳靠拢，使食管断端接近。用7～10号缝线在两断端截面的10点钟方向、2点钟方向、6点钟方向相对应的3个点上，分别穿透食管全层作预置定位牵引线（图2-2-10）。设置牵引线时注意，不可使食管的轴向发生扭曲。

（3）提起预置缝线定位后，用0～3号可吸收缝线进行两层缝合。

第一层：结节缝合黏膜和黏膜下层，线结打在食管腔内（图2-2-11、图2-2-12）。

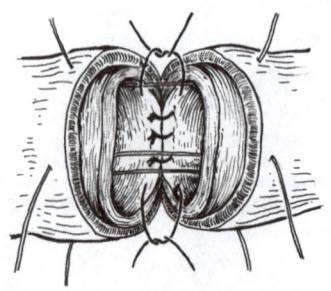

图2-2-11　结节缝合黏膜和黏膜下层

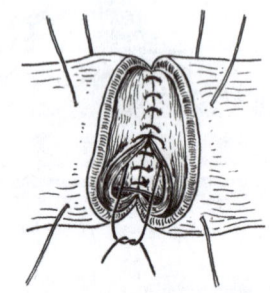

图2-2-12　线结打在食管腔内

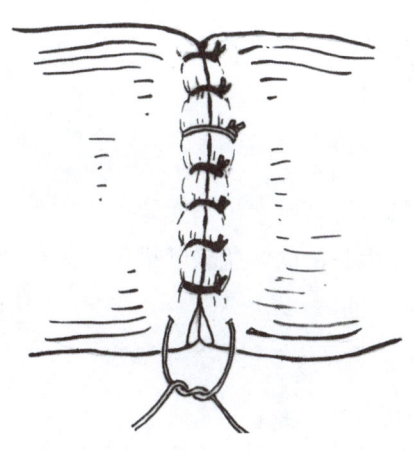

第二层：结节缝合肌层和外膜（图2-2-13）。缝合完毕，撤掉预置牵引线。

图2-2-13 结节缝合肌层和外膜

手术注意事项

（1）手术过程中要做好食管和周围组织的隔离，防止食管内唾液和异物污染创口。

（2）食管病变部两端，在术中需要暂时性封闭，以防止唾液或胃内容物溢出。封闭时，为了不对食管产生较强的刺激使动物做出强烈的吞咽动作而影响操作，可使用纱布带（条）置于食管病变部上端、下端，这样就可以灵活解决问题。

（3）食管缝合要细密，内翻组织不要过多。

术后护理

（1）术后5～7d使用抗生素控制感染。

（2）禁食3～5d，其间可通过静脉注射补充电解质溶液等，到动物能够自主进食时，初期给以流质或半流质食物，10d后可以转为正常饲喂。

（3）术后7～10d拆除皮肤缝线。

三 气管切开术

由疾病引起的上呼吸道完全或不完全性阻塞,致使动物发生呼吸困难甚或窒息,施行气管切开术是提供救急的供气通道并进行救治的紧急处理措施。另外,气管切开术是某些手术的先行手术,可为主手术提供辅助。

手术适应证

上呼吸道完全或不完全性阻塞所导致的动物发生呼吸困难甚或窒息,可施行此手术进行救治。为辅助某些手术的完成,也可先行气管切开术。

手术步骤

(1)在紧急情况下,动物有窒息危险或呼吸极度困难、严重缺氧时,不需要麻醉和保定,只做简单的局部消毒,固定头部后立即进行手术。

(2)在通常情况下,动物需要进行全身麻醉,仰卧保定,头颈向背侧伸仰。手术切口位于颈部腹侧,颈部上1/3与中1/3交界处,也相当于气管的第3、第4、第5软骨环的位置。术部进行常规剃毛、消毒。

(3)左手固定气管,并使皮肤紧张,右手持手术刀在颈腹侧正中线上依次切开皮肤(图2-3-1)、皮下组织、颈皮肌、胸骨甲状舌骨肌(图2-3-2)和气管深筋膜,显露气管。

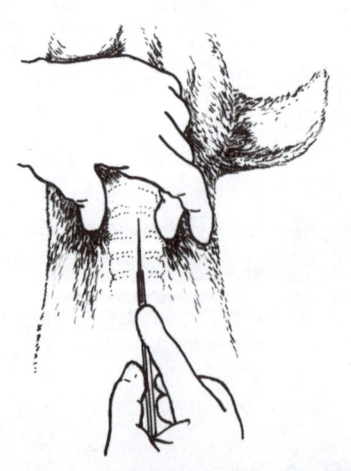

图2-3-1 在颈腹侧正中线上切开皮肤

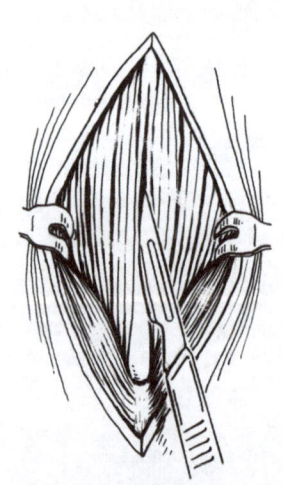

图2-3-2 依次切开皮下组织、颈皮肌、胸骨甲状舌骨肌

（4）在切开气管前对切口内进行彻底止血，然后将相邻的两个气管软骨环各切除一半，使其形成一个圆形或椭圆形切口。切口大小以能插入气管导管为准（图2-3-3）。

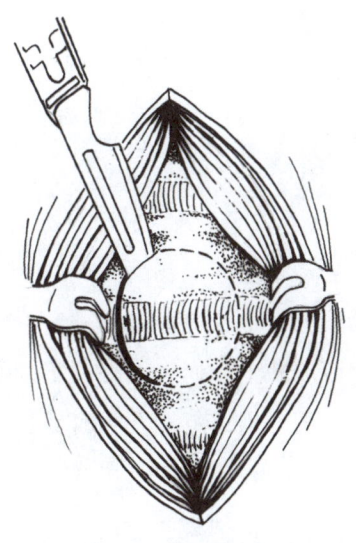

图2-3-3　将相邻的两个气管软骨环各切除一半

（5）检查气管软骨切面有无明显的出血，对出血处做好止血处理。选择与气管直径相适的气管导管，将气管导管自切口向气管下方插入（图2-3-4）。也可用透明无毒的聚氯乙烯管、医用乳胶管自制气管导管代替使用（图2-3-5）。气管导管的外径通常为7~22mm，幼年犬、幼年猫还要更细些。

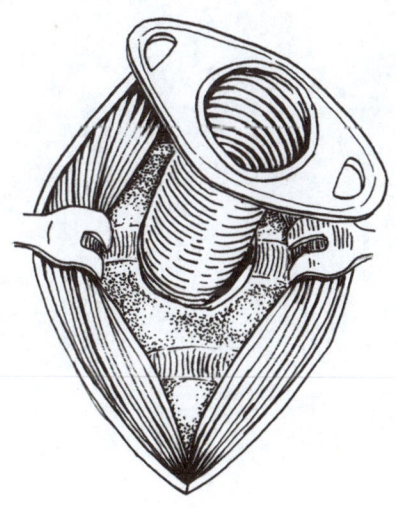

图2-3-4　气管导管自切口向气管下方插入

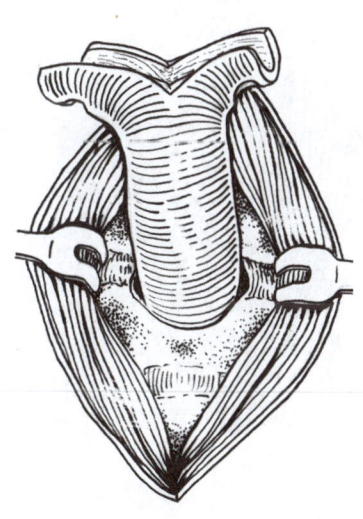

图2-3-5　可用透明无毒的聚氯乙烯管、医用乳胶管自制气管导管

（6）气管导管在安置妥当、经检查通气顺畅后，用绳带拴系于颈上，也可缝合固定于切口皮肤上。切口上端、下端过长部分用结节缝合暂时闭合（图2-3-6）。

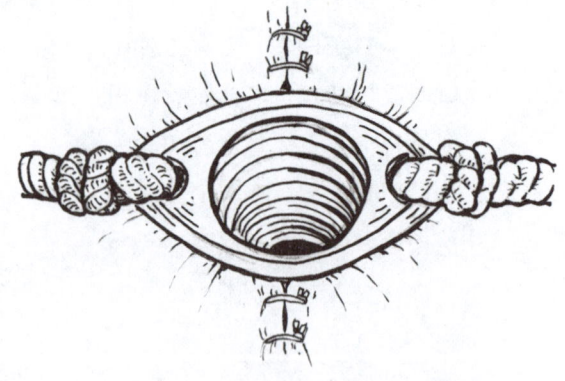

图2-3-6　气管导管用绳带拴系于颈上，切口上端、下端过长部分用结节缝合暂时闭合

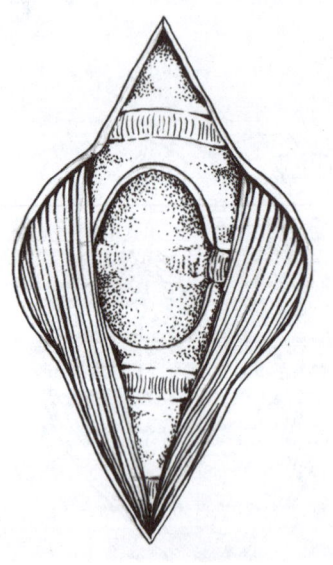

图2-3-7　气管切口两侧皮肤修剪成与气管切口对应的半圆弧形

（7）上呼吸道由于患病形成难以解决的阻塞，需要创建新的供气通道，或者在临时找不到气管导管的情况下，可对皮肤创缘与气管切缘进行缝合，使气管切口保持开张。在气管切口两侧，将皮肤修剪成与气管切口对应的半圆弧形（图2-3-7）。

（8）对气管软骨切缘与肌肉、皮肤创缘进行结节缝合。皮肤切口上端、下端结节缝合（图2-3-8）。

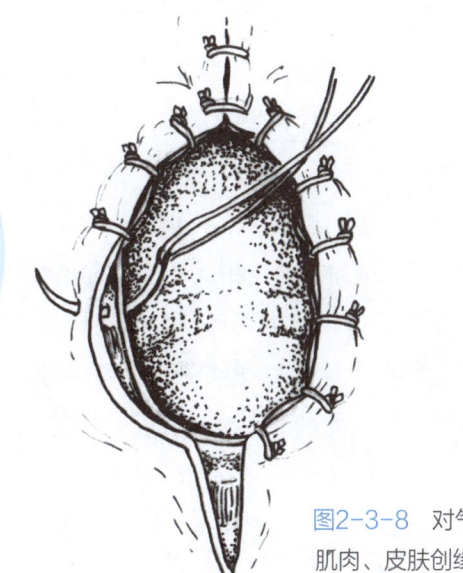

图2-3-8　对气管软骨切缘与肌肉、皮肤创缘进行结节缝合

（9）几种常用的气管切开法。

①圆形或椭圆形切口。此类切口是为了方便插入气管导管，并使气管导管外壁与气管切缘之间尽量相合。将与气管相邻的两个软骨环各切成半圆的弧形，使其成为圆形或椭圆形（图2-3-9）。

②长方形切口。此类切口适合于需较长时间保留的气管切口，或不使用气管导管的气管切开。这种切口需切掉相邻的两个甚至三个气管软骨环，使切口呈长方形（图2-3-10）。对软骨切缘与皮肤进行缝合，以保持开张状态。这种切口比较适合长时间

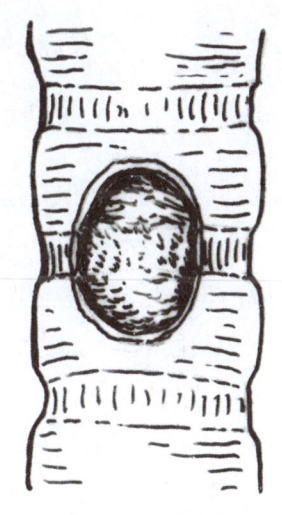

图2-3-9　圆形或椭圆形切口

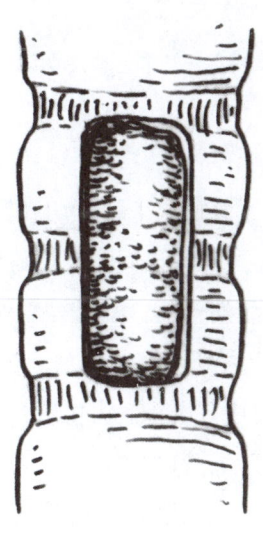

图2-3-10　长方形切口

保留,但是需要闭合时,容易造成气管狭窄。因此,在使用这种形状切口且时间较短的情况下,气管软骨环可不完全切除,而在下方环间韧带处保持连接,形成气管软骨瓣。闭合气管切口时将气管软骨瓣复位,其边缘很快粘连,愈合后气管不会出现狭窄的状况。

③梭形切口。此类切口的用途与长方形切口的用途相同,在闭合时较易愈合,且气管愈合后很少出现狭窄的状况。缺点是通气的空间明显不如长方形切口(图2-3-11)。

④环间韧带横切口。此类切口不是最终切口,只是在危急情况下由此位置紧急切开气管,提供通气紧急通道以缓解呼吸极度困难或窒息状态。待呼吸困难或窒息缺氧状态得到缓解后,再在此基础上对切口进行修整,以达到具体要求(图2-3-12)。

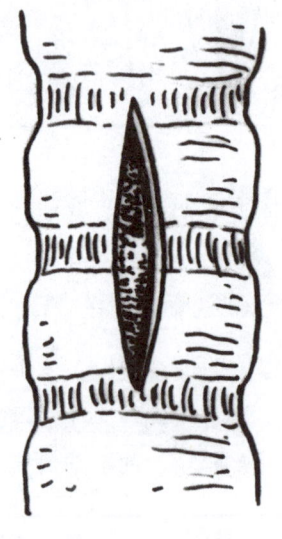
图2-3-11 梭形切口

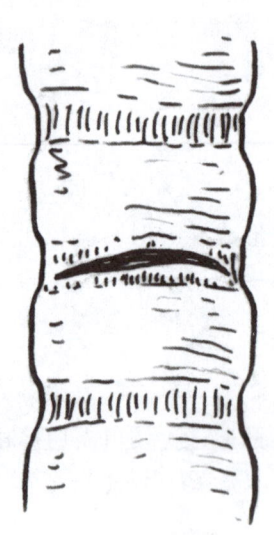
图2-3-12 环间韧带横切口

手术注意事项

(1)在紧急情况下气管切开虽然无须麻醉和局部剃毛消毒,但在危急症状充分缓解后,还是需要对切口周围进行清理。

(2)气管切开前,要对气管外的出血进行有效的止血处理,避免血液吸入气管、支气管,形成血凝块发生阻塞。在紧急情况下切开气管也要注意此点。另外,切除气管软骨环时要用有齿止血钳将软骨夹牢,防止软骨被吸入气管内。

(3)气管导管口径的选择要与气管口径尽量吻合,过小则通气量可能不足,过大可能压迫气管内壁引起气管黏膜坏死。

（4）气管导管装置要牢固可靠，避免脱落。

（5）气管切开切口取第二期愈合，不作皮肤及皮下组织的密闭缝合。气管切开切口的密闭缝合可能会引起皮下气肿或化脓。

（6）为避免由切口处或导管口吸入异物，可在局部覆盖稀疏的纱网进行保护。

术后护理

（1）术后经常注意通气情况，经常清理气管导管或气管切口处的分泌物，避免阻塞。必要时可取下导管，清洗后再装上。

（2）经常向切口或导管内滴入少量的青霉素生理盐水，保持气管黏膜的湿润。

（3）气管导管的拔除或气管切口的闭合时间，应以原发病是否得到解除为依据，一旦原发病得到解除即应对上呼吸道的通气状况进行检查。检查方法为暂时性拔除导管封闭气管切口，观察动物的呼吸情况。如无异常，则可不必再装置导管。

（4）拔除气管导管后，清理切口，拆除缝线，切口取第二期愈合。时间大约需要10d。为使愈合时间缩短，可于切口上端、下端各作1针或2针结节缝合，保留切口中部开放。

（5）气管切开期间和切口愈合期间，要严防动物搔抓术部。

第三章

胸腹部手术

一　胸部食管切开术

犬、猫的胸部食管阻塞，较常见的是发生在食管通过膈肌的部位，也有发生在食管紧贴主动脉弓右侧的部位。犬、猫的食管阻塞多是由吞食形状不规则的骨头块引起，阻塞物到达胸部食管后，其锋锐的突起对食管黏膜造成损伤，如在内窥镜下用钳子强行取出十分危险，可能在取出异物的过程中撕裂食管壁。在X线胸片帮助下，确定阻塞物的位置后，可通过开胸术取出食管阻塞物。

手术适应证

发生胸部食管阻塞，阻塞物不适宜在内窥镜下钳夹强行取出，或经胃切开取出异物时，开胸取出食管异物，都可能施行此手术。

手术步骤

（1）经X线诊断，确定阻塞部位。在肩关节水平线上，切开左侧第五肋骨，可显露主动脉弓处食管段；切开左侧第八肋骨，可显露膈肌前食管段（图3-1-1）。全身麻醉，右侧卧保定，气管插管进行呼吸管理辅助呼吸。切口定位后，局部剃毛、消毒。

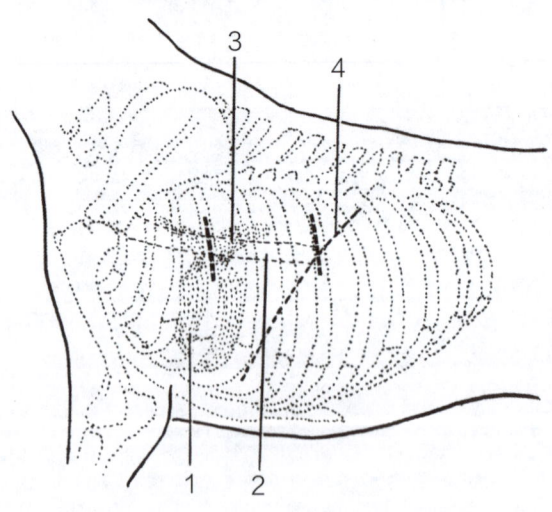

1.心脏；2.食管；3.主动脉弓；4.膈线。

图3-1-1　胸部食管切口

（2）以肩关节水平线为切口中点，在肋骨中线上切开皮肤、皮肌，显露肋骨骨膜（图3-1-2）。切口长10～15cm。

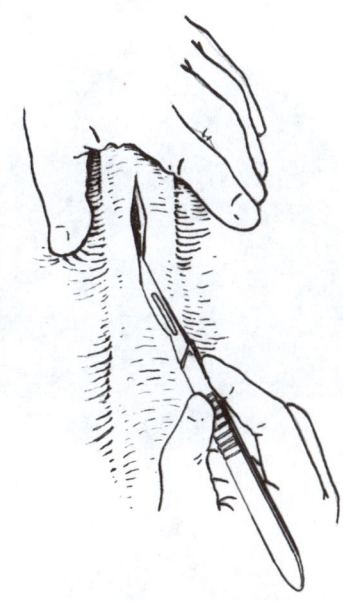

图3-1-2　在肋骨中线上切开皮肤、皮肌

（3）肋骨骨膜切口上、下两端各横切一刀，肋骨中线纵向切开，使肋骨骨膜切口呈"工"字形（图3-1-3）。

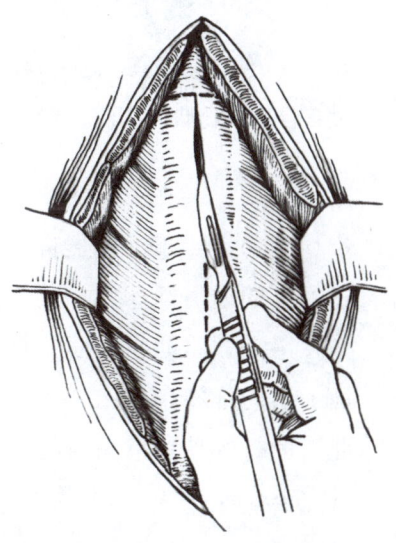

图3-1-3　"工"字形切开肋骨骨膜

（4）用骨膜剥离器的方头沿骨膜切口全面剥离肋骨前面的骨膜（图3-1-4），显露肋骨。

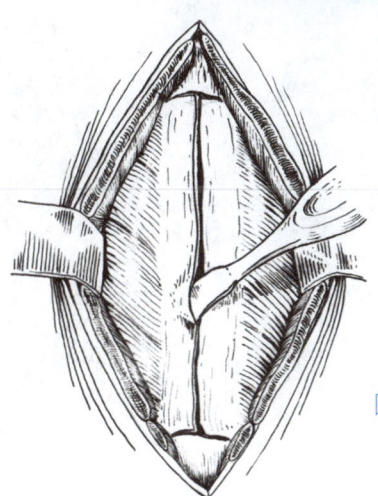

图3-1-4　剥离肋骨前面的骨膜

（5）再用骨膜剥离器的圆头沿肋骨侧缘剥离，翻转到肋骨后面（腹面），并剥离到对侧肋骨缘（图3-1-5）。

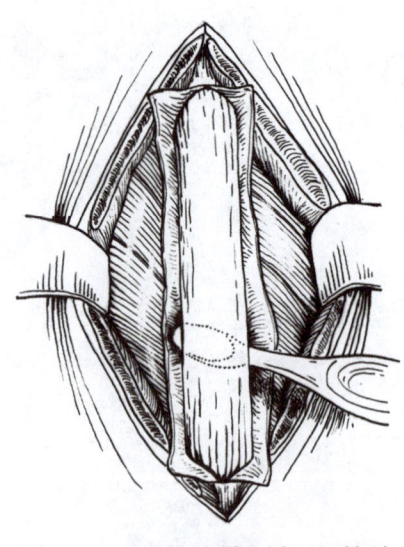

图3-1-5　沿肋骨侧缘剥离，翻转到肋骨后面，并剥离到对侧肋骨缘

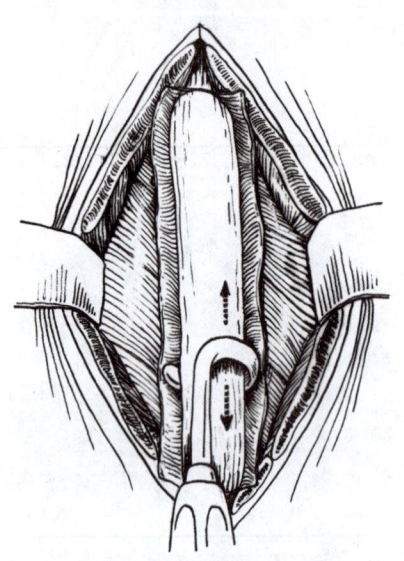

图3-1-6　剥离肋骨膜

（6）用骨膜剥离器自上述剥离的通道插入，并上下推拉滑动，将肋骨后面（腹面）完全剥离（图3-1-6）。此时肋骨膜切口范围内的肋骨完全游离。

（7）用肋骨剪剪断肋骨（图3-1-7）。

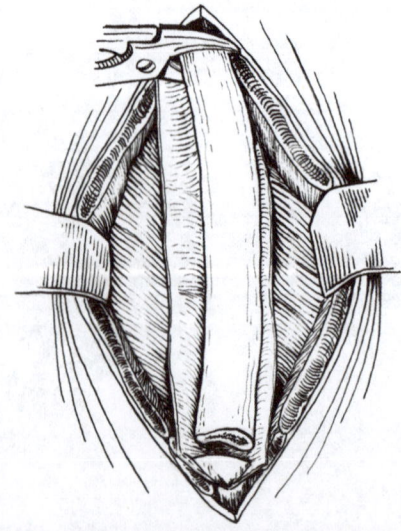

图3-1-7　剪断肋骨

（8）在肋骨床上切开肋胸膜，打开胸腔（图3-1-8）。

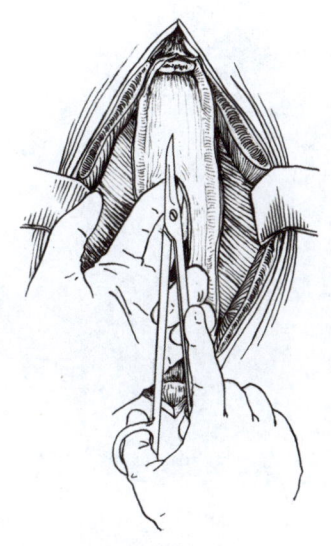

图3-1-8　在肋骨床上切开肋胸膜，打开胸腔

（9）牵拉胸壁切口使其开张，显露胸腔。将左肺慢慢向前方肺门牵拉，隔离于手术区域外。显露出纵隔食管后，从食管壁上很容易辨别出造成阻塞的异物。注意左迷走神经的背支和腹支分别走于食管的上方和下方，在术中要防止误伤（图3-1-9）。

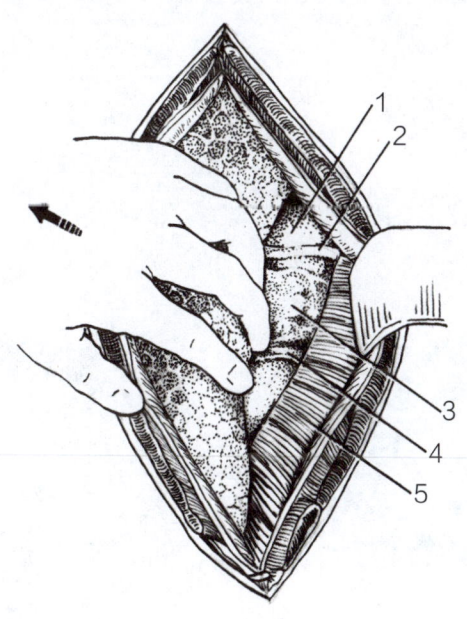

1.纵隔；2.左侧迷走神经背支；
3.食管堵塞部；4.左侧迷走神经腹支；5.横膈。

图3-1-9　显露胸腔

（10）在切开食管前，因为食管内阻塞物处于腐败的状态，必须用温生理盐水浸过的灭菌纱布将术野周围仔细隔离。然后在阻塞物上直接切开食管（图3-1-10），并小心地取出阻塞物。

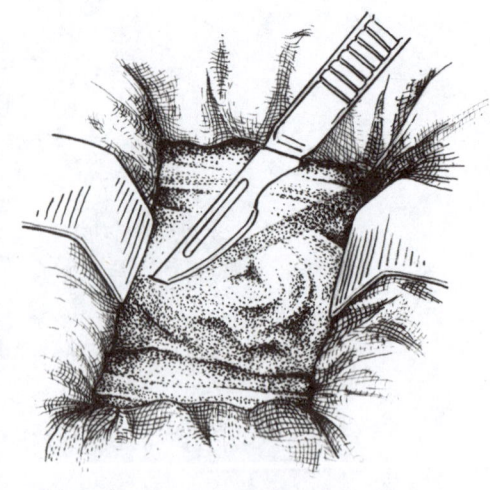

图3-1-10　在阻塞物上直接切开食管

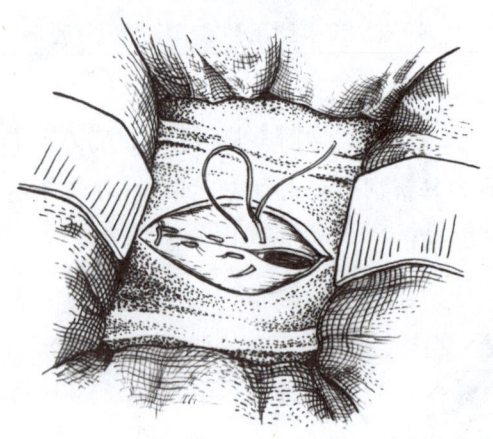

图3-1-11　闭合食管黏膜

（11）食管壁可能因阻塞物导致局部压迫性坏死，给缝合带来相当的困难，在缝合食管壁时要细密小心。食管黏膜用连续水平褥式内翻缝合法（库欣缝合法）闭合（图3-1-11）。

（12）食管的肌层和纵隔胸膜一起，用结节缝合法缝合（图3-1-12）。

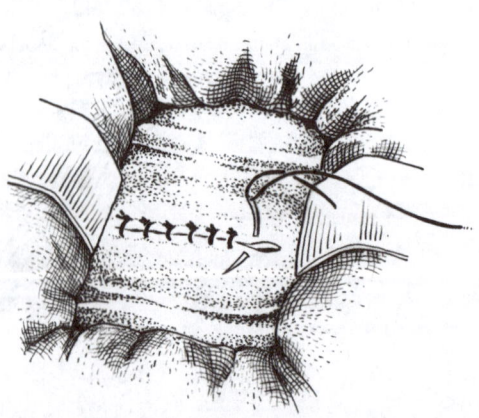

图3-1-12　结节缝合食管肌层和纵隔胸膜

（13）在清理完隔离纱布后，放置胸腔引流管，并对肺部加压通气，使因手术操作塌陷的肺叶鼓胀起来。然后连续缝合肋胸膜，闭合胸腔（图3-1-13）。

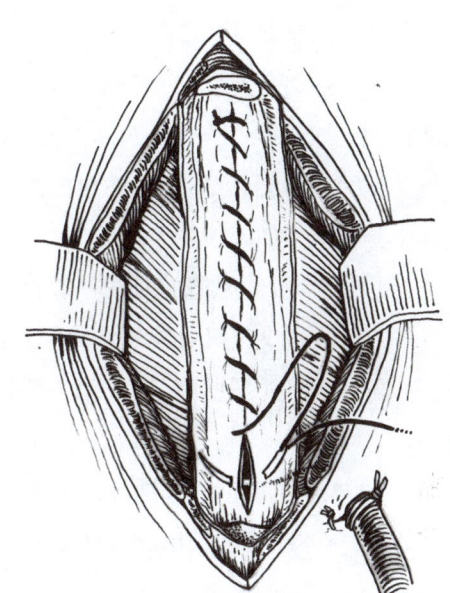

图3-1-13　连续缝合肋胸膜

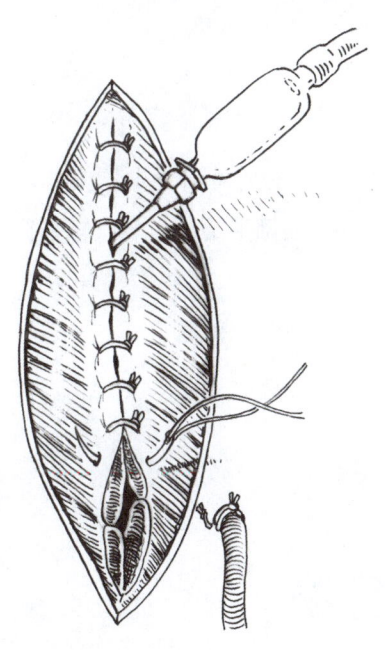

（14）结节缝合肋骨膜与皮肌。在缝合皮肤前，用吸引器或大注射器尽量将胸腔内气体抽出（图3-1-14）。

图3-1-14　结节缝合肋骨膜与皮肌，并将胸腔内气体抽出

（15）最后结节缝合皮肤，结束手术。

手术注意事项

（1）呼吸管理对开胸手术十分重要，可保证动物在开胸后正常呼吸，不会因胸腔

正压后呼吸困难而发生危险。

（2）胸部食管切开时对局部术野的隔离要比颈部食管难，一旦造成污染，后果比颈部污染更加严重。因此，胸部食管在切开前对局部术野的隔离必须做到严密可靠。

（3）食管切开、闭合时注意控制出血。胸部食管的血液供应由支气管食管动脉供应，十分丰富，如误伤较大的分支，可发生致命的出血。

（4）胸部食管阻塞的时间一般较长，阻塞物对食管壁的压迫会造成黏膜局部的压迫性坏死，尖锐突出又可能划伤黏膜，这些会给缝合带来困难。

（5）缝合食管壁时，在允许的情况下尽量少占用组织，减少愈合后食管狭窄的可能。

（6）关闭胸腔前，要通过人工使因手术操作造成塌陷的肺叶鼓胀起来。

（7）手术结束前抽出胸腔残留的空气。

术后护理

（1）术后使用抗生素控制感染。

（2）术后禁食3d，给予少量饮水，保证静脉营养。3d后可给予少量流食，逐渐向半流质食物过渡。在吞咽无障碍、痛苦，顺畅后，方可逐渐喂给固形软食。

（3）注意胸腔引流管的逆向性密封（可流出但不可进入胸腔），并防止动物撕咬、拔出、毁坏。待胸腔无渗出液自管内流出后，可以拔除引流管。

（4）术后限制动物运动，安静饲养。

（5）术后7~10d可以拆除皮肤缝线。

二　经胃切开取出食管内异物

异物经检查确定位于临近贲门的食管内，可能出于某些原因无法将异物推送入胃，采取胃切开方式取出食管内异物，是比较方便可行的（图3-2-1、图3-2-2、图3-2-3、图3-2-4）。

图3-2-1 5岁八哥犬食管内有异物，流涎

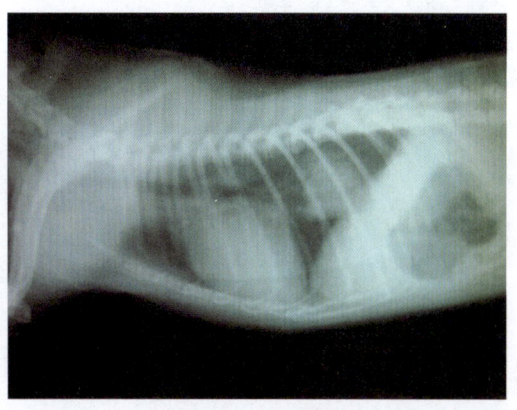

图3-2-2 X线检查可见近贲门口处有密度大类异物样显影

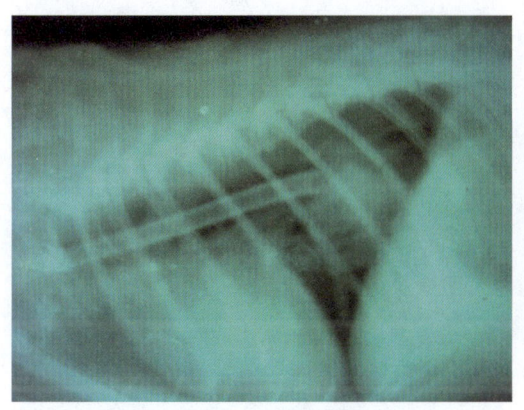

图3-2-3 插入胃管，在异物显影处被阻挡住

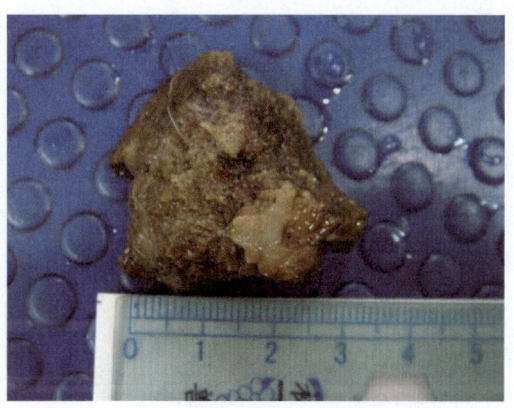

图3-2-4 经胃切开取出卡在近贲门处食管内的骨头

手术适应证

确定食管内异物位于临近贲门处，但无法将异物推送入胃，施行胃切开术，经贲门取出食管内异物。

手术步骤

（1）全身麻醉，仰卧保定。腹底壁中线左侧旁切口，切口上端自肋弓下2cm处向下延伸10～15cm（图3-2-5）。术部常规剃毛、消毒。

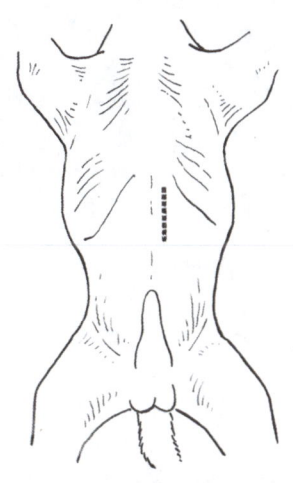

图3-2-5 腹底壁中线左侧旁切口，切口上端自肋弓下向下延伸

（2）切开皮肤，切除切口处皮下脂肪（图3-2-6）。

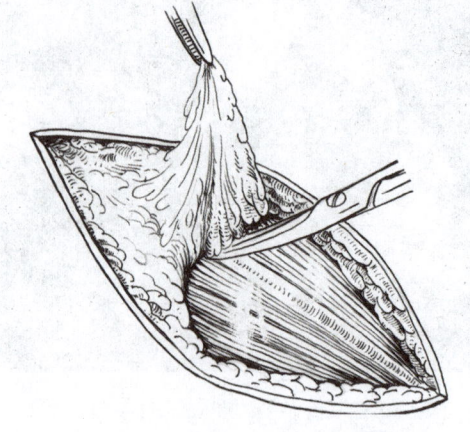

图3-2-6 切除切口处皮下脂肪

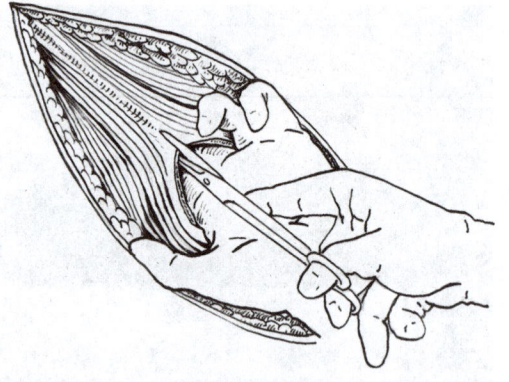

图3-2-7 直接剖开腹直肌

（3）切开腹直肌外鞘，直接剖开腹直肌（图3-2-7），切开内鞘和腹膜，打开腹腔。

（4）自胃大弯部向外牵拉（图3-2-8），将胃底部和部分胃体牵拉出切口外。

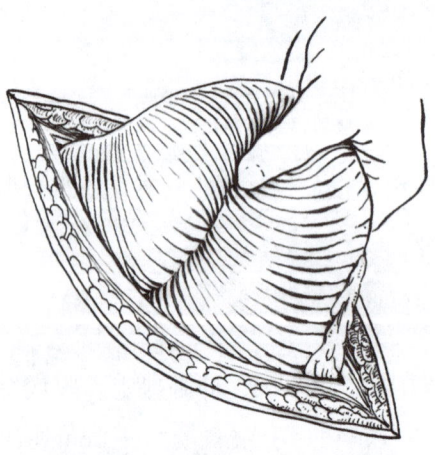

图3-2-8 自胃大弯部向外牵拉

（5）在胃底和胃体部穿透浆肌层缝置4条牵引吊线，向四边牵拉胃壁进行固定。在胃与腹壁切口间填塞浸有温生理盐水的纱布进行隔离，防止术中污染腹壁切口及腹腔。在牵引线中间切开胃壁（图3-2-9）。

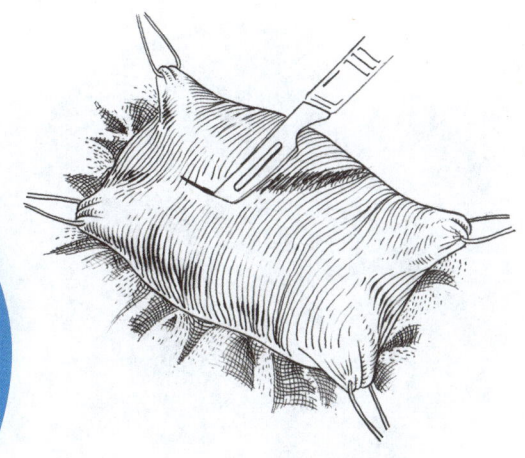

图3-2-9　在胃底和胃体部缝置4条牵引吊线，向四边牵拉胃壁进行固定，并切开胃壁

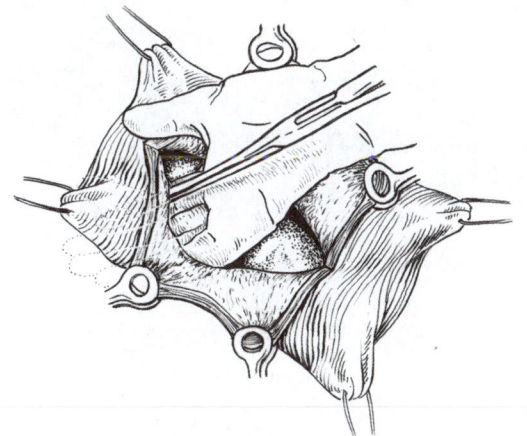

图3-2-10　用4把舌钳夹持胃壁切缘使之外翻，手指引导器械取出异物

（6）用4把舌钳夹持胃壁切缘使之外翻，清除胃内容物。然后用手指探查贲门，在手指的引导下用卵圆钳或子弹钳等器械探入食管，夹住异物将其取出（图3-2-10）。

(7）胃壁的缝合，可进行第一层胃壁全层连续缝合（图3-2-11），但这种方法并不常用。常用的方法是先连续缝合黏膜层，再结节缝合浆肌层（参见"胃切开术"中有关步骤）。

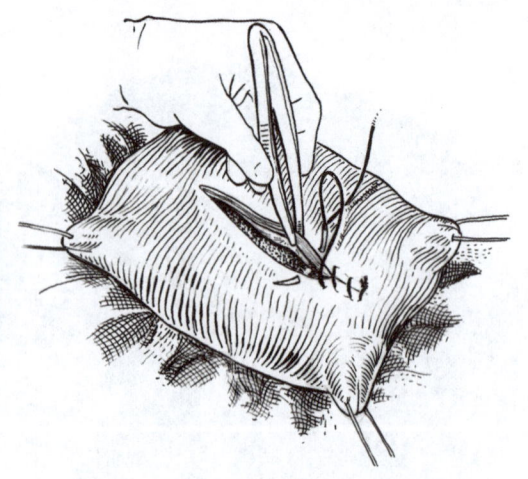

图3-2-11　进行第一层胃壁全层连续缝合

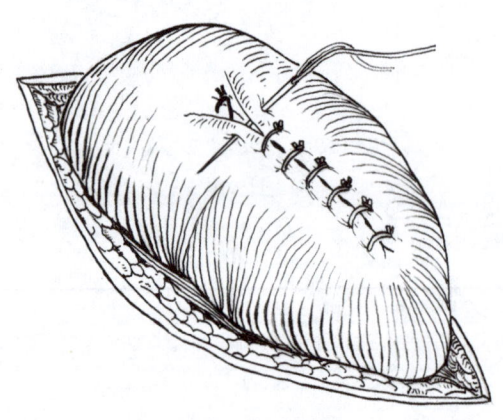

图3-2-12　进行胃壁的第二层间断垂直褥式内翻缝合

（8）胃壁闭合后，清洗胃壁，撤掉隔离纱布，更换器械、创巾，术者重新消毒手臂更换手套，转入无菌手术。再进行胃壁的第二层间断垂直褥式内翻缝合（兰伯特缝合）（图3-2-12）。

（9）将缝合完毕的胃体还纳回腹腔内，关腹。

📋 手术注意事项

（1）胃切开部位多选择在靠近贲门的胃底部（左端），或胃体靠近贲门处。

（2）以牵引吊线固定胃壁，防止胃在术中回缩至腹腔，并在吊线下、胃壁与腹腔切口间用湿纱布填塞隔离，防止污染。

（3）胃壁切开要一次切透，不要分层。防止浆膜肌层与黏膜错位分离。缝合胃壁也要注意浆膜肌层切缘与黏膜切缘整齐缝合，防止错位。

（4）从胃壁切开至胃壁第一层完全闭合，为污染手术阶段。除此以外，其他手术阶段均为无菌手术。两种不同手术阶段要明确区分操作。

（5）胃黏膜缝合时注意对较大出血处做止血处理，防止缝合后形成黏膜下血肿而导致严重后果。

术后护理

（1）术后使用抗生素控制感染。

（2）术后3d内禁食，可给少量淡盐水。3d后给少量流质食物如牛奶、米糊，逐渐转给半流质食物。至少7d后才可给固形食物，逐步恢复正常饲喂。

（3）要保持饲养环境清洁、干燥。术后初期避免剧烈运动。

（4）术后7～10d拆除皮肤缝线。

三　剖腹术

腹部手术是基本外科中最多见的，腹腔内脏手术自上腹部的胃、胆、脾、肝及膈，腹中、下部的肠、膀胱、子宫卵巢甚至前列腺等，多数腹腔脏器的手术均需通过该手术通路完成。

为了便于在对各具体手术的说明中对此步骤不致重复赘述，在此着重介绍常用腹部切口途径和关腹要点。

手术适应证

为各种腹腔脏器手术打开通路，提供手术通道。

手术步骤

（1）犬、猫的剖腹术切口多选在腹底部正中线或其平行的旁侧，是比较容易操作而且能广泛显露腹腔脏器的位置。在此基础上又可分为腹前部（脐孔前）切口和腹后部（脐孔后）切口（图3-3-1）。

（2）切口方法如图3-3-2所示可分为3种：

①腹中线（正中线，又称腹白线）切口。可以通过切开中线纤维直达腹膜而进入腹腔，几乎可以无出血切开，简单而直接。但是从脐向前延伸至肝中叶之间，在腹膜下有脂肪样镰状韧带，腹前部切开需切除此韧带，所以此切口多用于腹后部切开。

②切开腹直肌的中线旁切口。平行中线，通过腹直肌及其内外鞘达腹膜而进入腹腔，用于腹前部和腹后部切开都很方便。由于腹直肌纤维与切口走向一致，所以创伤不会过大。缺点是切开腹直肌（或钝性分离）时出血较多，应该注意控制。

③腹直肌反折的中线旁切口。此切口同样平行中线，根据切口所需长度切开腹直

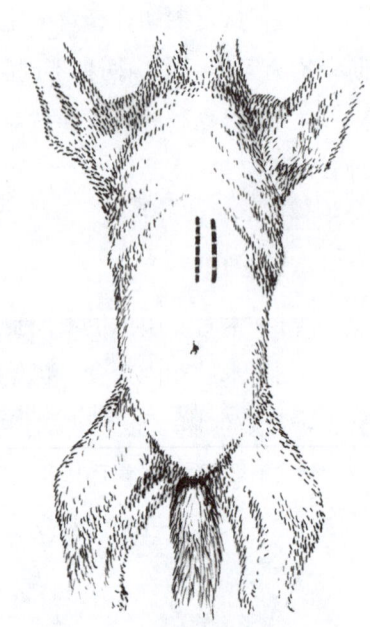

图3-3-1 下腹壁的剖腹术切口

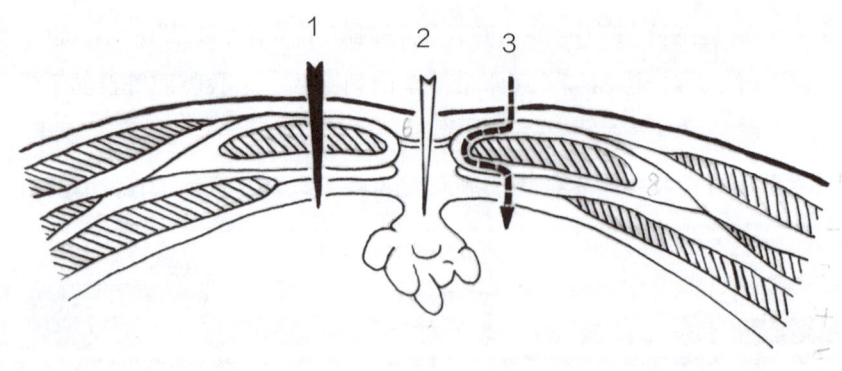

1.腹中线切口；2.切开腹直肌的中线旁切口；3.腹直肌反折的中线旁切口。

图3-3-2 3种腹壁切开方法

外鞘显露肌纤维，向中线钝性分离外鞘达腹直肌内缘，然后将腹直肌从内鞘向外分离至腹膜切开处，如操作正确可做到几乎不出血。此种切口同样可用于腹前部和腹后部切开。

（3）剖腹术的皮肤切口是在腹中线或平行腹中线的中线旁切口，用紧张切开的方法切开皮肤（图3-3-3）。

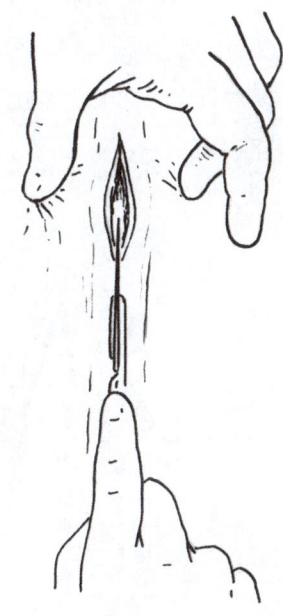

图3-3-3　用紧张切开的方法切开皮肤

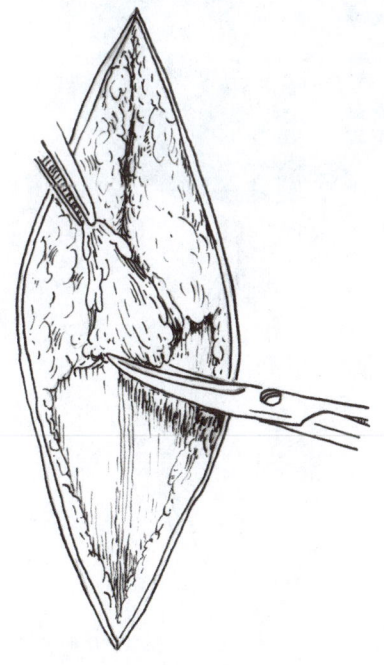

（4）为防止术后脂肪液化影响创口的愈合，要将创口处的皮下脂肪切除掉（图3-3-4）。

图3-3-4　切除创口处的皮下脂肪

（5）从中线切口沿中线纤维切开直达腹膜。中线旁切口则平行中线切开腹直肌外鞘，可钝性分离腹直肌纤维或切开腹直肌（中线旁切开腹直肌），再切开腹直肌内鞘（图3-3-5）。

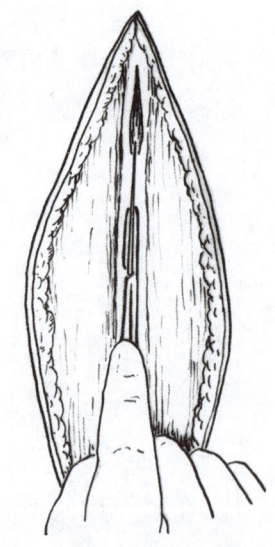

图3-3-5 沿中线纤维切开或平行中线切开腹直肌外鞘

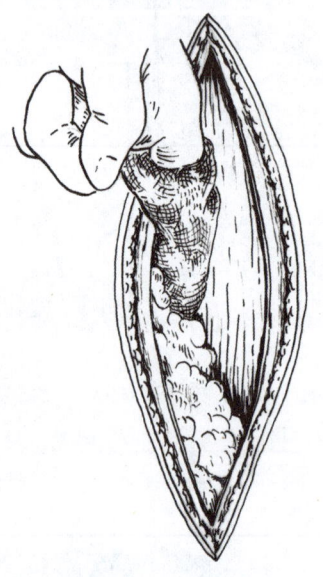

图3-3-6 将腹膜下脂肪剥离并推向切口一侧

（6）将腹膜下脂肪剥离并推向切口一侧，显露腹膜（图3-3-6）。

（7）用止血钳或手术镊子交替数次提起腹膜，在确信只是夹住并提起了腹膜，而没有一并夹住其他脏器的状态下，提起腹膜切一小口（图3-3-7）。

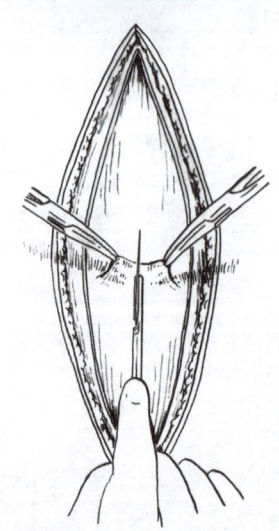

图3-3-7 提起腹膜切一小口

（8）用食指、中指或手术镊子伸进腹膜小切口保护和引导，扩大腹膜切口（图3-3-8）。

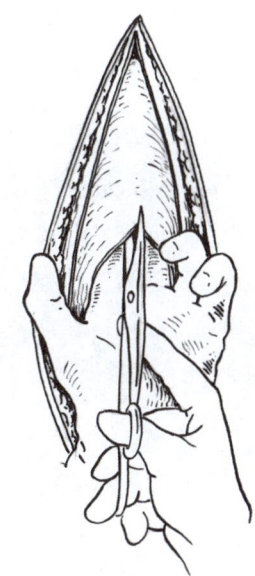

图3-3-8 扩大腹膜切口

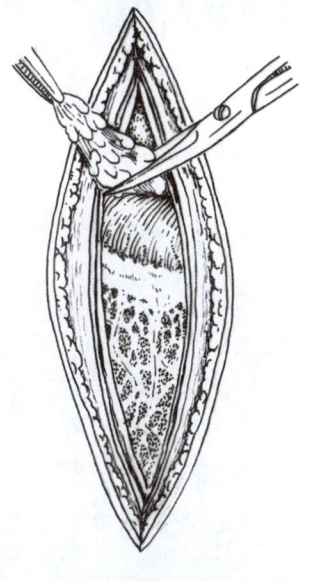

图3-3-9 切除脂肪样镰状韧带

（9）腹前中线切口，切开腹膜可见脂肪样镰状韧带，直接切除，不必顾虑（图3-3-9）。

（10）中线切口缝合，可简单地将腹膜与中线纤维一同作结节缝合。中线旁切开腹直肌切口：腹膜与内鞘作连续缝合，外鞘与腹直肌作结节缝合。缝合腹膜时，为了避免误缝内脏，需要在手指的隔离保护下进行缝合（图3-3-10）。

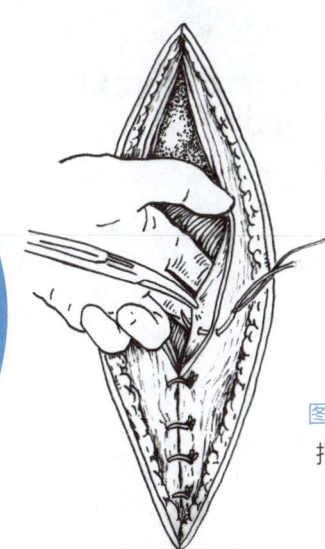

图3-3-10 在手指的隔离保护下缝合腹膜

（11）腹直肌反折的中线旁切口在切开腹直肌外鞘后，向中线方向钝性分离外鞘至腹直肌内缘。外鞘切开与分离的长度与皮肤切口长度一致或稍短（图3-3-11）。

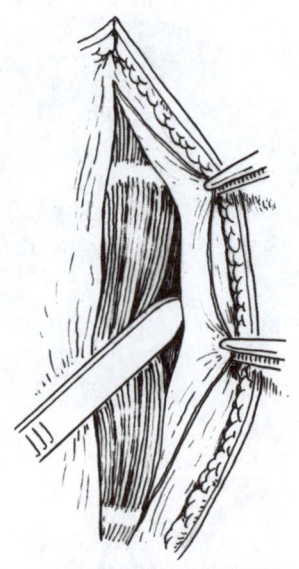

图3-3-11　向中线方向钝性分离外鞘至腹直肌内缘

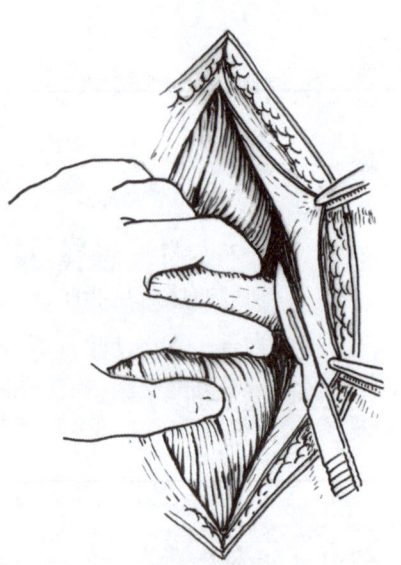

（12）分离外鞘与腹直肌遇有腹直肌腱划处，可用手术刀轻轻划断（图3-3-12）。但腱划处往往有小血管，要注意止血。

图3-3-12　遇有腹直肌腱划处用手术刀轻轻划断

（13）腹直肌与内鞘分离，并向外侧牵拉腹直肌。切开内鞘与腹膜，显露腹腔（图3-3-13）。

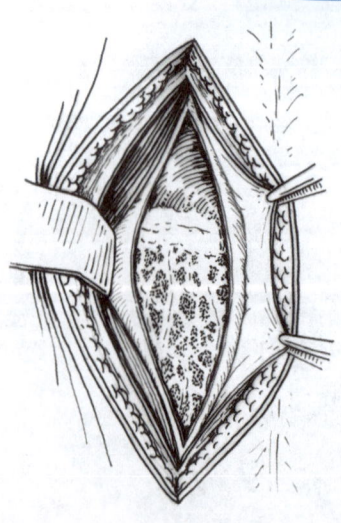

图3-3-13　切开内鞘与腹膜，显露腹腔

(14)关腹时内鞘与腹膜作连续缝合（图3-3-14）。

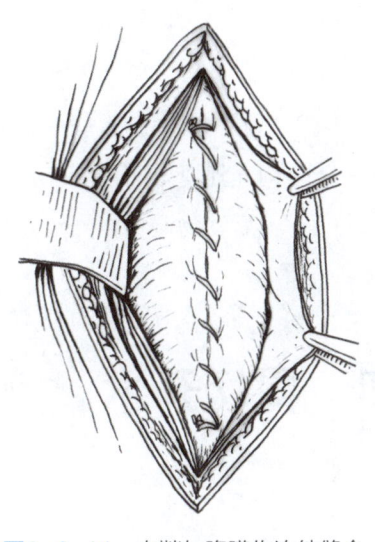

图3-3-14 内鞘与腹膜作连续缝合

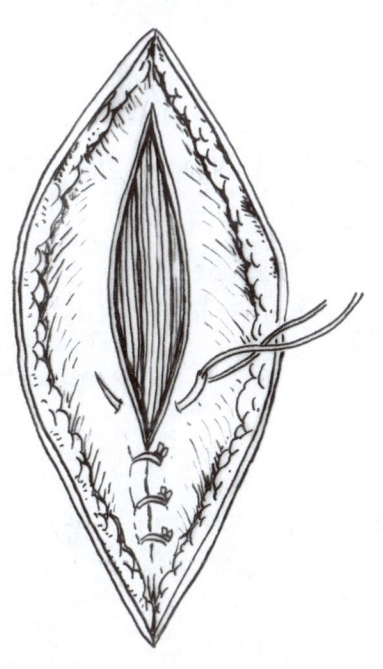

(15)腹直肌复位后，外鞘结节缝合（图3-3-15）。

图3-3-15 外鞘结节缝合

手术注意事项

（1）剖腹术切口里外长度要基本一致，避免外长里短。
（2）后腹壁中线旁切口所遇血管较丰富，注意结扎止血。
（3）剖腹操作要层次分明，避免因操作不慎误伤腹腔脏器。
（4）切开与缝合腹膜要保护和离开腹腔脏器，避免误伤、误缝腹腔脏器。
（5）根据内脏手术的需要选择切口和切开方法。

术后护理

(1) 术后注意保护腹底壁，装置腹绷带。
(2) 饲养环境要清洁干燥。
(3) 术后动物避免剧烈运动、跳跃，防止创口裂开或形成腹底壁疝。

四　胃切开术

手术适应证

犬、猫胃切开术临床最常用于胃内异物的取出、胃内肿瘤的切除等，也可以用来进行胃壁活体组织的检查等。

手术步骤

(1) 动物行全身麻醉，仰卧保定。切口在剑突下至脐之间，多采用腹中线左侧旁切口，也可用腹中线切口。切口部剃毛、消毒。
(2) 按剖腹术方式开腹。
(3) 胃壁切开部位，多选在胃底（左端）或胃体的脏面（图3-4-1）血管稀少的部位。

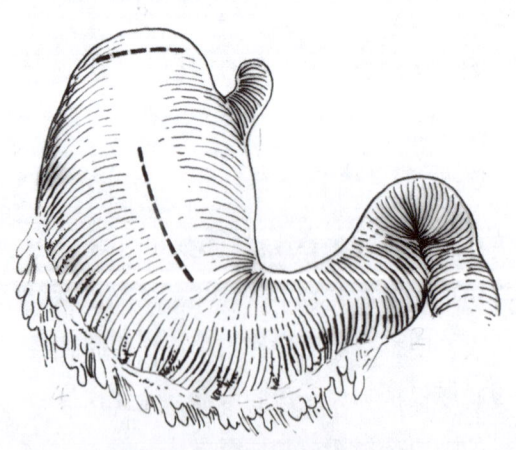

图3-4-1　胃壁切开部位

（4）通过胃壁的触诊可以很容易摸到胃内的异物，然后隔着胃壁握住异物慢慢地拉到腹壁切口处，将异物推挤到胃底部用肠钳固定封闭。显露的胃与腹壁切口间用湿纱布小心严密地围绕隔离开来，防止污染腹壁创口及腹腔。在异物上直接切开胃壁（图3-4-2）。

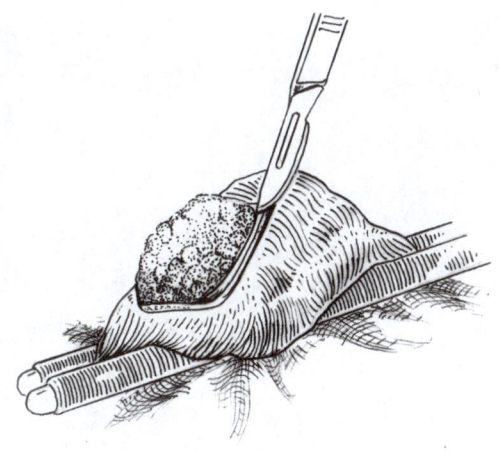

图3-4-2　在异物上直接切开胃壁

（5）也可以在胃壁需要切开的预定部位两端穿过浆膜肌层缝置2条预置牵引线，拉起绷紧胃壁，用湿纱布围绕隔离胃与腹壁。然后在2条预置牵引线之间切开胃壁（图3-4-3）。

图3-4-3　在2条预置牵引线之间切开胃壁

（6）胃腔内操作完成后即进行胃壁切口缝合。

有时会将胃壁黏膜、肌层、浆膜作一次全层连续缝合，不过并不常用。常用的是黏膜和浆肌层分别作两次缝合。先用1号或4号铬制肠线连续缝合黏膜（图3-4-4）。

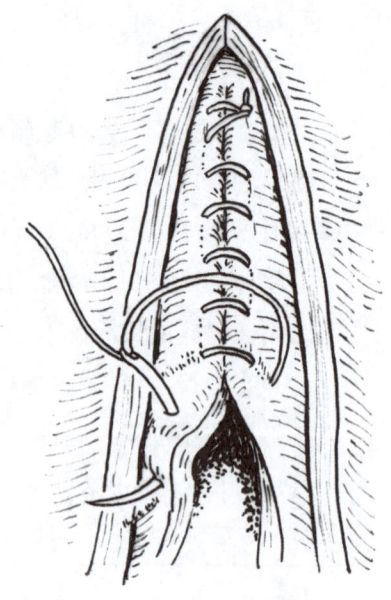

图3-4-4　连续缝合黏膜

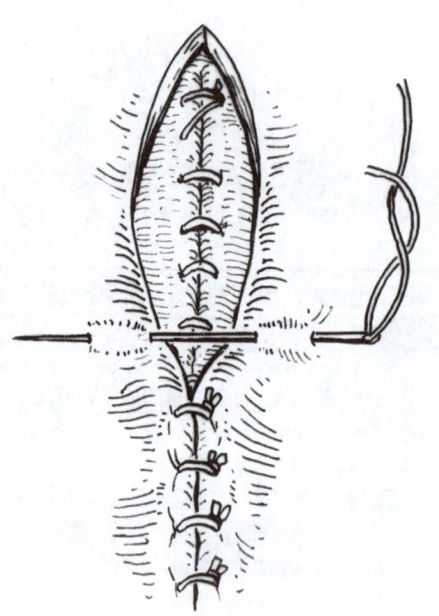

图3-4-5　用兰伯特缝合法缝合浆肌层

（7）用兰伯特缝合法缝合浆肌层（图3-4-5）。清理术部，更换器械、敷料等，转入无菌手术后再用此缝合法对胃壁切口进行包埋缝合。

📋 **手术注意事项**

（1）胃黏膜下结缔组织疏松，使黏膜有很大的游离性。在切开胃壁时应注意，避免各层间错位。要一刀切透，保持切口整齐一致。

（2）胃黏膜富有血管，如果没有控制来自胃黏膜的出血，则可形成黏膜血肿，它可导致术后胃切口完全破裂。为此单独对胃黏膜进行连续缝合，除闭合黏膜外，还可解决胃黏膜的出血问题。

（3）从胃壁切开至胃壁第一层完全闭合，为污染手术阶段。除此以外，其他手术阶段均为无菌手术。两种不同手术阶段要明确区分操作。

（4）胃壁缝合要密实，避免漏气、漏液。

📋 **术后护理**

（1）术后使用抗生素控制感染。

（2）术后3d内禁食，可给少量淡盐水。3d后给少量流质食物如牛奶、米糊，逐渐转给半流质食物。至少7d后才可给固形食物，逐步恢复正常饲喂。

（3）要保持饲养环境清洁、干燥。术后初期避免剧烈运动。

（4）术后7~10d拆除皮肤缝线。

五　肠套叠整复术

肠套叠大多数情况在小肠中发生，只有少部分发生在大肠中，大型犬的发病率较高（图3-5-1）。

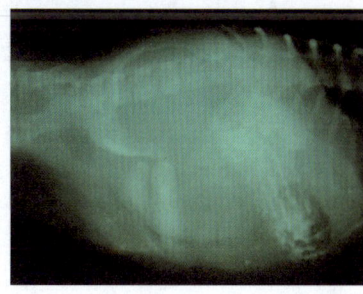 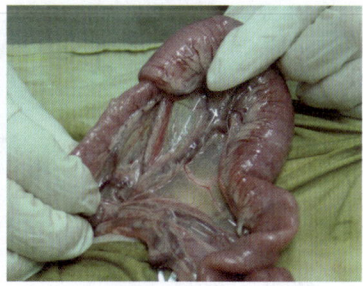

图3-5-1　8月龄金毛犬空肠段肠套叠

手术适应证

在开腹探查时发现有肠套叠的犬、猫,经检查套叠部位肠管没有发生坏死的,可以施行肠套叠整复术来复位治疗。

手术步骤

(1)动物行全身麻醉,仰卧保定,腹底壁剃毛、常规消毒。

(2)在脐前沿腹中线切开腹壁。探查腹腔内发生套叠的肠段,将套叠的肠段牵引至切口外,用浸有生理盐水的灭菌纱布隔离。观察套叠部位的肠管,如无坏死,可进行肠套叠整复术(图3-5-2)。

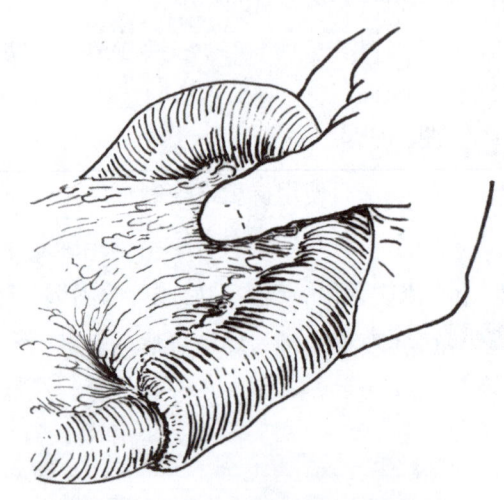

图3-5-2 观察套叠部位的肠管

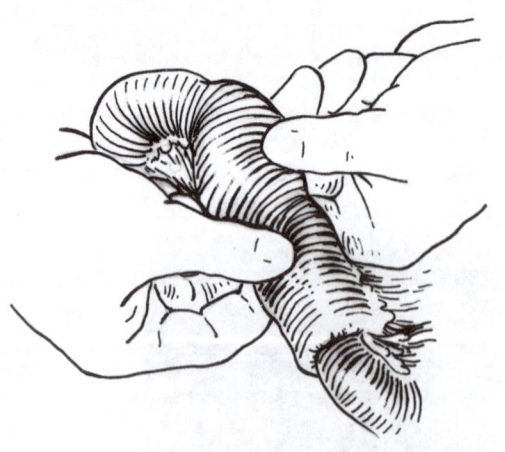

图3-5-3 缓慢挤压套入部,进行复位

(3)用手指在套叠部的顶端缓慢持续地进行推挤,使套入部肠管徐徐挤出(图3-5-3)。

（4）如果经过推挤不能使套入部分挤出，可以用手术刀刀柄插入套叠鞘内，使鞘部扩张松解后轻轻地牵拉套入部，同时推挤套叠部顶端使之复位（图3-5-4）。

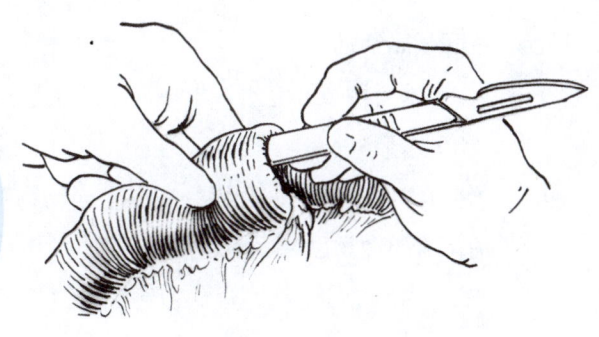

图3-5-4　用手术刀刀柄扩张套叠鞘，以利于整复

（5）如果套叠鞘部因肿胀过于紧张，可以用手术剪在对肠系膜侧剪开套叠的鞘部，然后再轻轻地牵拉前端肠管，使套入部复位（图3-5-5），复位后对鞘部切口按"肠管切开术"进行缝合。

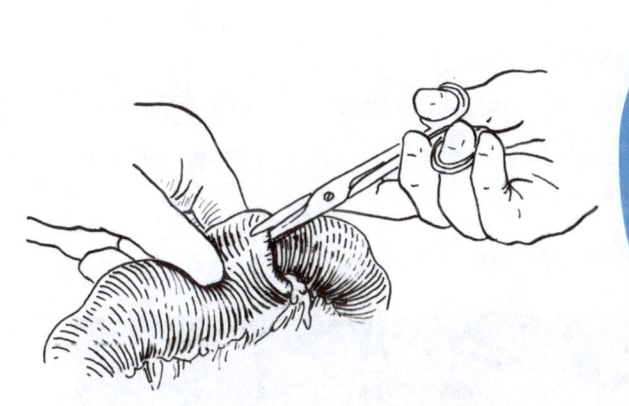

图3-5-5　剪开套叠鞘部，以利于整复

手术注意事项

（1）整复套入部肠管，推挤力度要持久均匀，可对套入端外的肠管进行配合牵拉。

（2）在整复套叠肠管时，不可拉扯套叠肠段两端复位，以防肠管破裂。

（3）套入部肠段复位后，用温生理盐水纱布温敷，直至套叠部肠段恢复弹性。这对预防再次发生肠套叠很重要。

（4）在套叠段肠管整复后，要仔细检查肠管和肠系膜是否有坏死或损伤，对可修复的损伤及时进行处理。如发生坏死，需要先将坏死肠段切除，再进行肠管吻合。

📋 术后护理

（1）为防止术后再次发生肠套叠，除积极治疗原发病外，还要给动物注射阿托品，以降低肠蠕动。

（2）术后注意补充水、电解质，纠正酸碱平衡紊乱。

（3）术后3~5d，全身应用抗生素，以预防腹膜炎发生。

（4）术后禁饲，进行胃肠减压。当动物恢复肠蠕动，排粪和排气正常后，才可给予易消化流质食物，并逐渐增加饲喂量。

（5）术后早期适当牵遛，以帮助恢复胃肠机能。

六　肠管切开术

动物不慎吞入胃内的异物通过幽门进入十二指肠，常在通过小肠时形成阻塞（图3-6-1）。阻塞部位的不同，可引发不同的症状。这种阻塞的后果十分严重，如果不能很快地解决阻塞情况，最终会不可避免地造成死亡。多数病例在进行适当的治疗准备后，可通过手术的方法打开肠壁，去掉异物使问题得以解决。

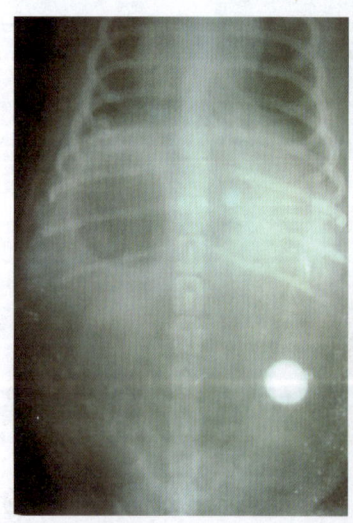 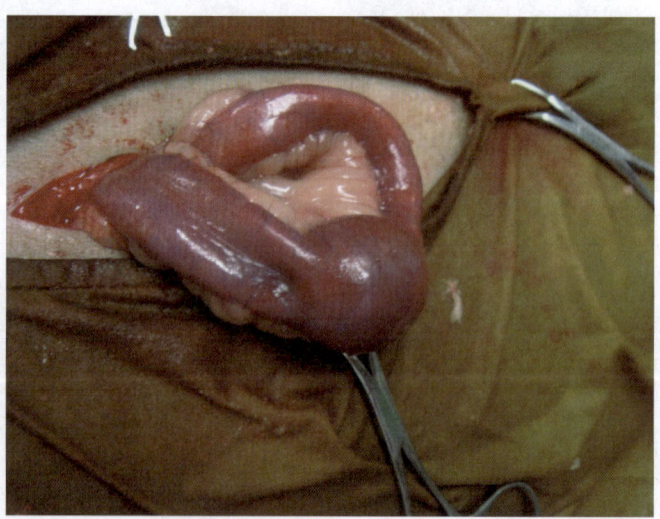

图3-6-1　2岁金毛犬空肠内有一金属样异物梗阻

手术适应证

肠道内异物阻塞，用其他治疗手段无法排除阻塞，用肠管切开术直接取出阻塞物；也可用于肠道的活体检查。

手术步骤

（1）动物行全身麻醉，仰卧保定，术部常规剃毛、消毒。

（2）在腹中线脐孔前后切开腹壁，探查梗阻部肠管，将梗阻部肠段或特殊需要的肠段牵引出腹腔外，用浸有温生理盐水的灭菌大纱布将肠管与腹壁切口封闭隔离。

（3）先将切开部肠段内的内容物隔肠壁向两端推挤，再用弯肠钳夹持肠管切开部位，使切开部两端处于封闭状态，防止肠壁切开后肠内容物溢出。用手术刀在对肠系膜侧纵向切开肠壁全层（图3-6-2），切口大小以肠内异物体积的3/4或达到手术活检要求为宜。通过切口将肠内异物取出，或进行活体取样、检查等。

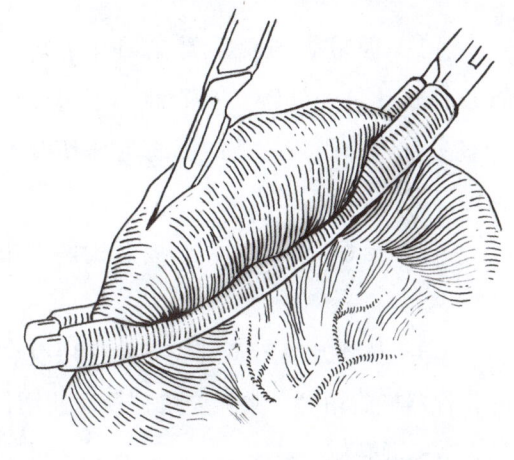

图3-6-2　夹持肠管并切开肠壁全层

（4）用酒精棉球消毒肠壁切口创缘。肠壁切口两端缝置牵引线，拉紧使切口绷直，便于缝合操作。用1~2号丝线或0~3号肠线进行缝合。第一层，穿透肠壁全层连续螺旋缝合（图3-6-3），缝合完毕后用青霉素生理盐水冲洗肠管，并更换器械、隔离纱布与创巾，然后转入无菌手术，进行第二层缝合。

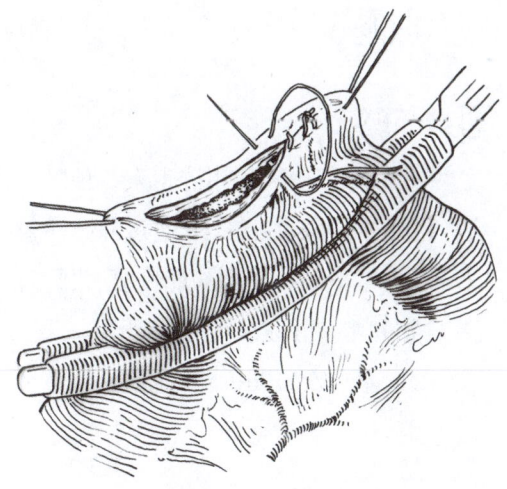

图3-6-3　穿透肠壁全层的连续螺旋缝合

（5）第二层可用兰伯特缝合或库欣缝合（图3-6-4）。

（6）再次清洁消毒切开部后，撤去肠钳，检查缝合部有无渗漏。然后在缝合部涂布灭菌石蜡油或抗生素软膏，将肠管还纳回腹腔内。常规闭合腹壁切口。

手术注意事项

（1）梗阻部肠管需要在切开前检查，判断其是否健康、有活性，不得在严重淤血、肿胀或坏死的肠管上作切开处理。

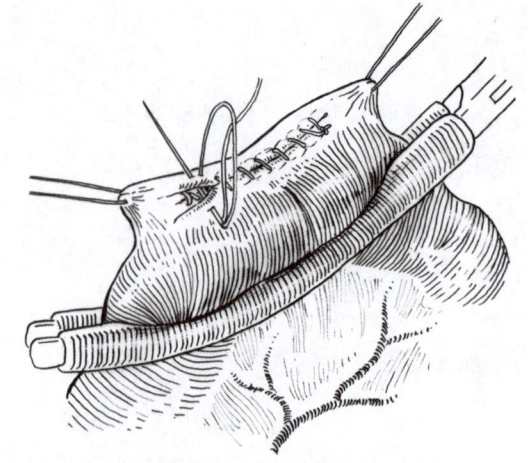

图3-6-4　进行第二层内翻缝合

（2）肠管切开前，对切开肠段两端钳夹封闭要严密，防止肠管切开后肠内容物外溢。

（3）从切开肠管直到肠管第一层缝合完毕，为污染手术，这一阶段手术所使用的各种器械、用品、敷料要单独管理使用，不得与无菌手术阶段使用的各种器械、用品、敷料混杂使用。

（4）注意施术肠段与周围的隔离。

（5）肠管切口缝合，不可占用组织过多，避免缝合后的肠管形成狭窄。

术后护理

（1）术后5～7d使用抗生素，预防和控制感染。

（2）术后禁食1～2d，通过静脉注射以补充水、电解质和纠正酸碱平衡紊乱。

（3）术后动物胃肠功能恢复，排气、排便和出现食欲后，可以给予少量流质或半流质食物和水，并逐步恢复饲喂。

（4）术后7～10d拆除皮肤缝线。

七 肠管切除和端端吻合术

若为肠套叠、肠绞窄等病，肠管已坏死，将肠管坏死部切除，进行肠管端端吻合术。

手术适应证

犬、猫肠管由于发生梗阻、套叠、扭转、肿瘤等，引起肠管坏死、穿孔（图3-7-1、图3-7-2），或肠管粘连时，需要进行肠管切除和端端吻合术治疗。

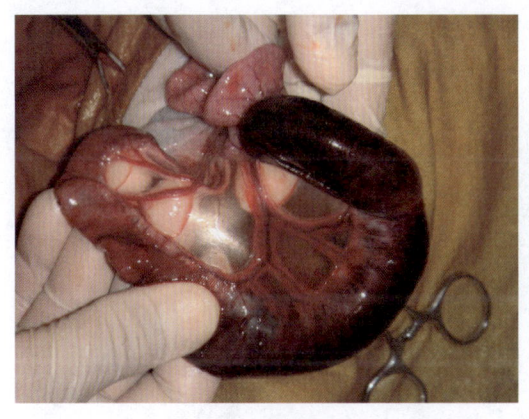

图3-7-1　3月龄北京犬肠套叠引起肠管坏死

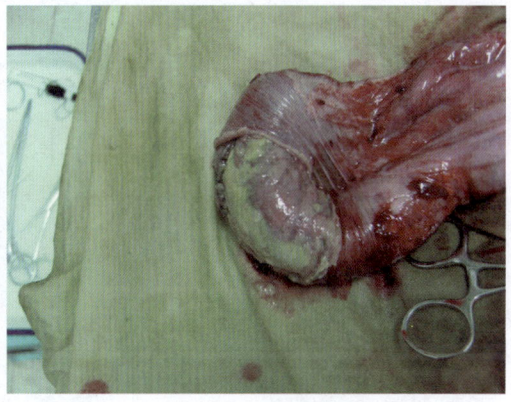

图3-7-2　5月龄金毛犬肠套叠部位化脓坏死

手术步骤

（1）动物行全身麻醉，仰卧保定。腹底壁剃毛，常规消毒。

（2）在脐后至耻骨前，沿腹中线切开腹壁，打开腹腔。仔细地将病变肠管牵拉到腹腔外。用浸有生理盐水的灭菌大纱布将肠管和腹壁切口隔离。

（3）切除肠段包括病变肠段两端的部分健康肠管，在距离病变肠段两端约2cm处作肠管切除线。如果近病变肠管端的肠管壁有扩张、水肿，切除的范围还要扩大。总之切除端要在有良好血液供应的健康肠段上。将肠管与肠系膜展开，预定肠管切除线，并在对应肠管切除线的肠系膜上作扇形预定切除线，以确定肠管和相对应肠系膜的切除范围（图3-7-3）。注意肠管切除时对肠系膜侧要比肠系膜侧多切除一些（图

3-7-3所示肠管切除线），以增大肠管吻合口的口径和保证良好的血液供应。

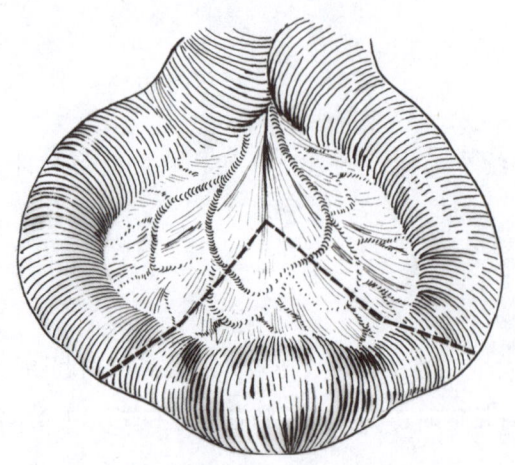

图3-7-3 在病变肠管两侧及肠系膜上作扇形预定切开线

（4）在肠管预定切除线两侧用无损伤肠钳钳夹肠管，对预定切开线两侧的肠系膜血管进行双重结扎，在两结扎线之间切断血管和肠系膜。沿切除线切断肠管，应注意结扎肠系膜三角区的血管断端出血点（图3-7-4）。

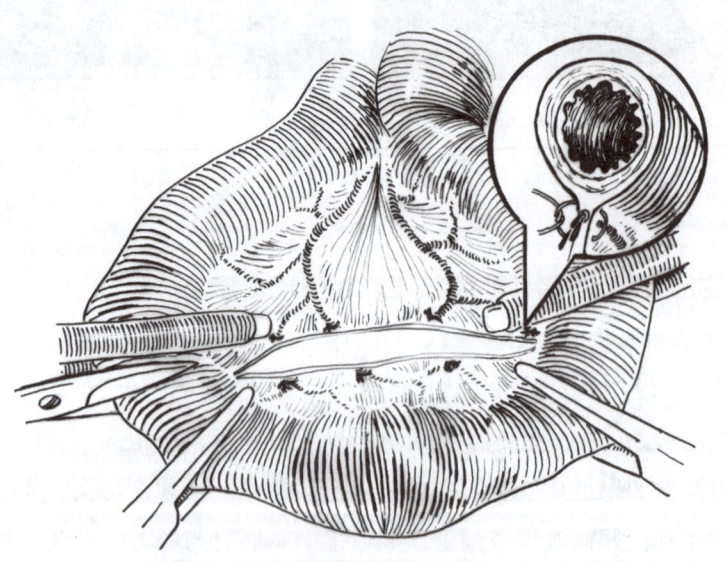

图3-7-4 双重结扎肠系膜血管，在两结扎线之间切断血管和肠系膜，注意结扎肠系膜三角区的血管断端出血点（小图）

（5）切除坏死肠管后，放净肠腔中含有大量毒素的血样积液（图3-7-5）。

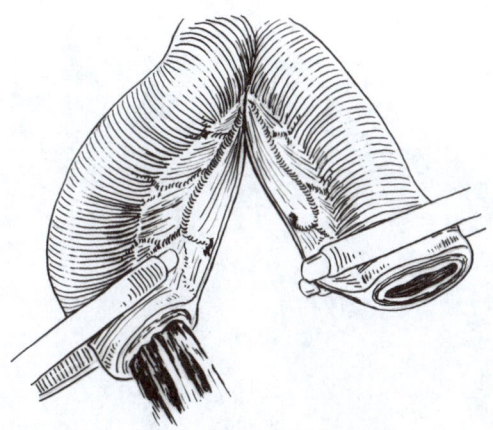

图3-7-5　放净肠腔内血样积液

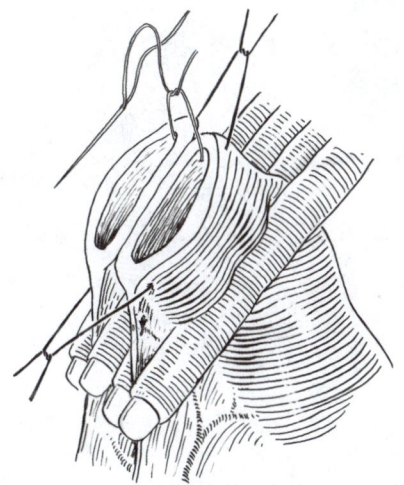

图3-7-6　在肠系膜侧和对肠系膜侧各作一牵引线

（6）并拢肠钳，使肠管两断端对齐。在肠管两断端肠系膜侧和对肠系膜侧分别用4号丝线穿过全层作牵引线，拉紧后以定位和方便缝合操作（图3-7-6）。

（7）自对肠系膜侧到肠系膜侧，穿过后壁全层作连续螺旋缝合，肠后壁缝合第一针打结后保留线尾（图3-7-7）。

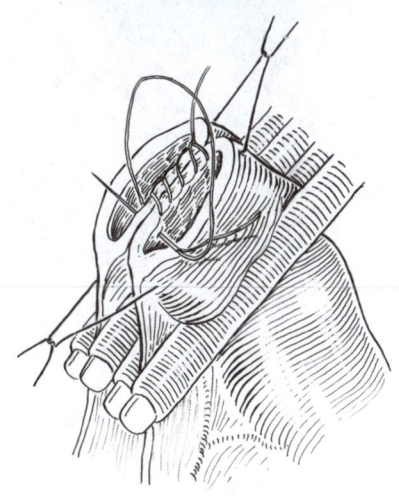

图3-7-7　穿过后壁全层作连续螺旋缝合，肠后壁缝合第一针打结后保留线尾

（8）后壁缝合到最末端时，缝针从一侧肠腔黏膜向肠壁浆膜刺出，然后缝针从另一侧肠管前壁浆膜进针，从肠腔黏膜出针（图3-7-8），转入前壁进行连续全层水平褥式内翻缝合两侧肠管前壁（图3-7-9）。肠管两侧前壁缝合至对肠系膜侧时，与后壁连续缝合的第一针线尾在肠腔内打结（图3-7-10）。至此，完成了肠管两断端的第一层缝合。

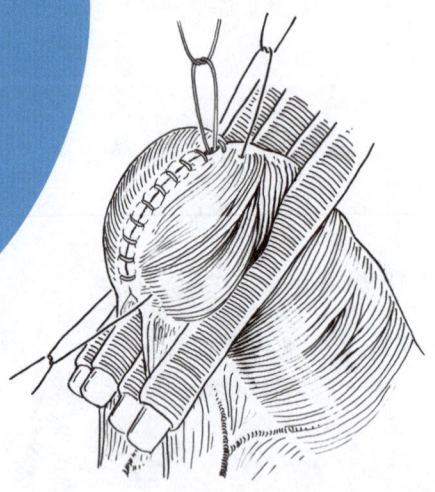

图3-7-8　缝合从后壁转向前壁

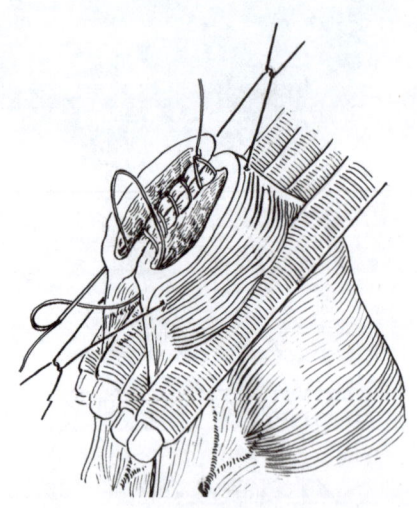

图3-7-9　前壁连续全层水平褥式内翻缝合

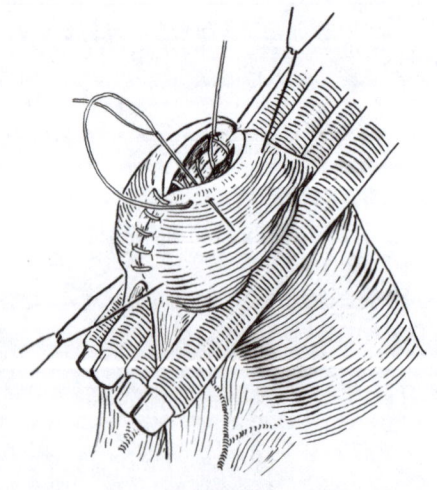

图3-7-10　前壁缝合最后一针与后壁第一针线尾在肠腔内打结

（9）用灭菌生理盐水冲洗肠管，更换手术套、手术器械及手术用品，转入无菌手术操作。肠管吻合部前、后壁进行间断垂直褥式内翻缝合，完成第二层缝合（图3-7-11）。

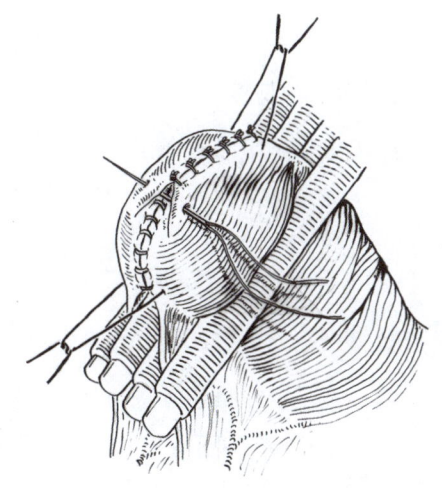

图3-7-11　吻合部进行间断垂直褥式内翻缝合

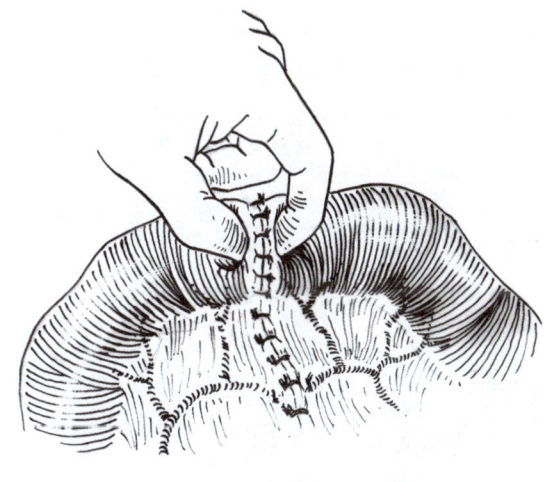

图3-7-12　检查缝合部是否严密与通畅

（10）最后间断缝合肠系膜切口，并检查肠管吻合部是否严密与通畅（图3-7-12）。

手术注意事项

（1）在决定进行肠管切除前，要根据肠管的色泽、弹性、蠕动和肠系膜血管的搏动等情况认真判定肠管是否坏死与坏死的范围。

（2）预定切除线一定要置于健康、血液供应良好的肠段，以保证坏死肠段切除后断端吻合、愈合良好。

（3）肠管预定切除线自肠系膜侧到对肠系膜侧，应向健康侧倾斜（如图3-7-3所示），使肠管断端口径扩大，减少吻合口狭窄的程度。

（4）肠管切断后，肠系膜三角区（如图3-7-4中的小图所示）必须结扎，避免形成肠系膜血肿或持续的慢性出血。

（5）进行肠管吻合时尽量少地缝合组织是防止形成吻合部狭窄的关键。

（6）肠吻合完毕后一定要检查吻合处是否严密和通畅。有漏气或漏液处要进行补针。

📋 术后护理

（1）术后使用抗生素进行抗感染治疗。

（2）术后注意补充水、电解质，纠正酸碱平衡紊乱，并给予静脉补充能量。

（3）术后禁食48～72h，可给予饮水。待有排气、排便时，可给予半流质食物，根据恢复情况逐步恢复饲喂。

（4）腹壁皮肤切口7～10d可拆除缝线。

八　空腔器官缝合法

空腔器官的缝合，既要保证缝合有良好的密闭性，防止内容物泄漏，又要保持施术空腔器官的正常解剖学结构和生理机能。此类缝合方法主要用于胃、肠、子宫、膀胱和胆囊等的缝合。

📋 手术适应证

临床常用于胃内异物、肠梗阻、剖宫产、膀胱结石和胆囊结石等的手术治疗时的缝合。

缝合方法

（1）连续全层水平褥式内翻缝合法，又称康奈尔缝合法。该方法是缝针贯穿全层组织的，当拉紧缝线时，空腔器官的切面即翻向腔内。临床多用于胃、肠和子宫壁的缝合（图3-8-1）。

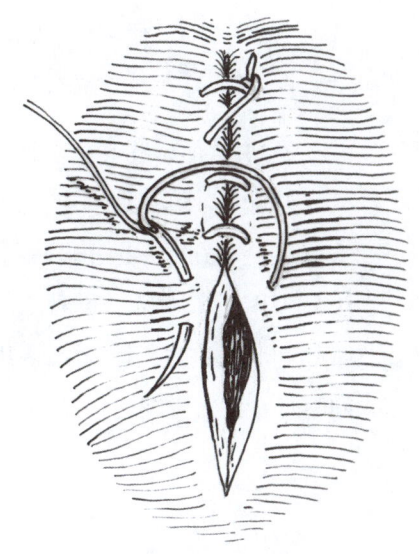

图3-8-1　康奈尔缝合法

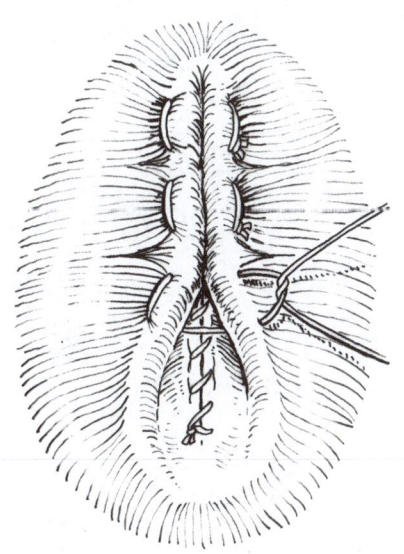

图3-8-2　何尔斯太缝合法

（2）间断水平褥式内翻缝合法，又称何尔斯太缝合法（图3-8-2）。该方法常用于浆膜和肌层的缝合，可增加组织的抗张力，纠正缝合后组织不应有的外翻。

（3）兰伯特缝合法，此法又分为间断（图3-8-3）或连续垂直褥式（图3-8-4）内翻缝合法，多用于胃、肠、子宫等的浆膜和肌层内翻缝合。现多用间断垂直褥式内翻缝合法。

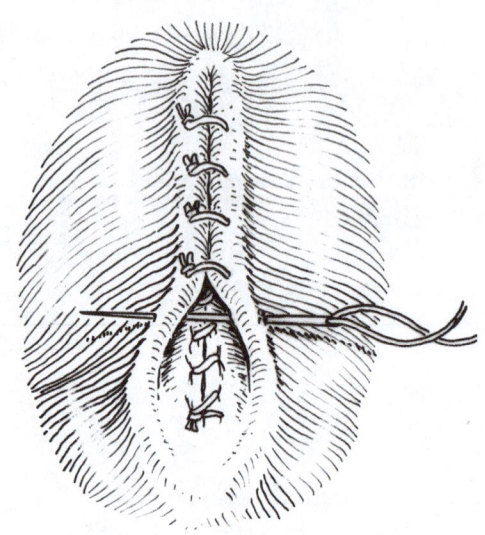

图3-8-3　间断兰伯特缝合法

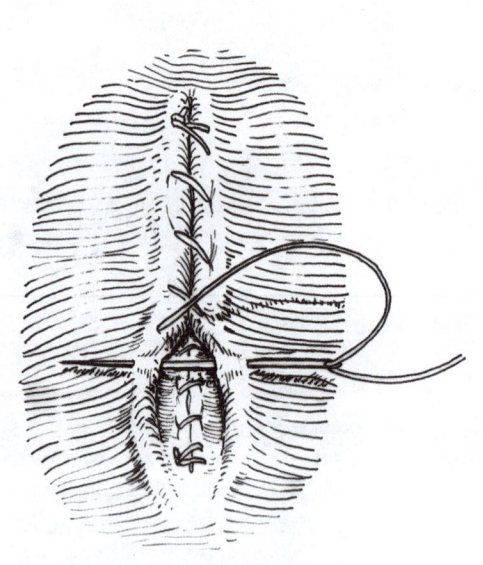

图3-8-4　连续兰伯特缝合法

（4）间断垂直纽扣内翻缝合法，可使组织内翻，常用于胃、肠第二层缝合缺陷处的补充缝合（图3-8-5）。

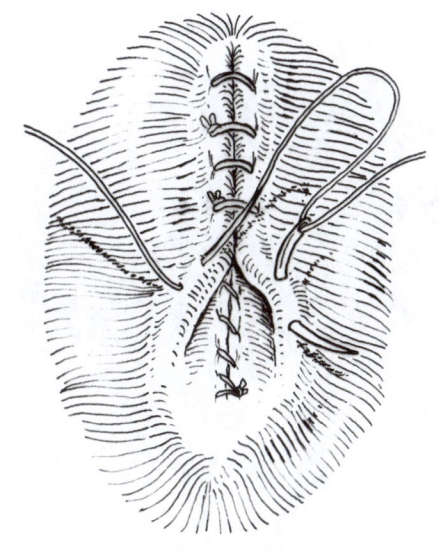

图3-8-5　间断垂直纽扣内翻缝合法

（5）连续水平褥式内翻缝合法，又称库欣缝合法，主要用于胃、肠、子宫和膀胱等第二层的浆膜肌层的内翻缝合（图3-8-6）。

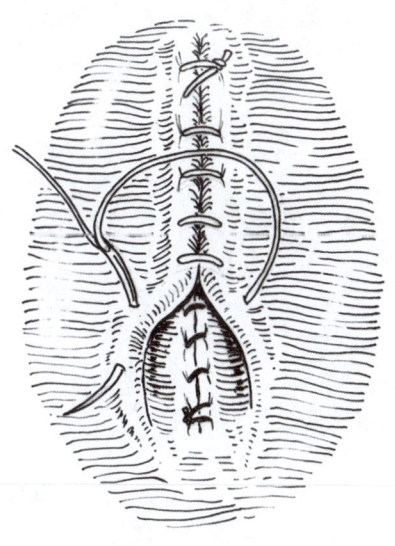

图3-8-6　库欣缝合法

第四章
泌尿系统外科手术

一　犬膀胱切开术

临床犬的膀胱结石或尿道结石并不罕见，一旦发生，在多数情况下需要进行手术才能解决。膀胱损伤或膀胱肿瘤、息肉等疾病也需要通过外科手术的方法解决。

手术适应证

犬膀胱结石、尿道结石和膀胱肿瘤等治疗时，需要手术切开膀胱（图4-1-1、图4-1-2）。另外，本手术方法也适用于膀胱破裂修补。

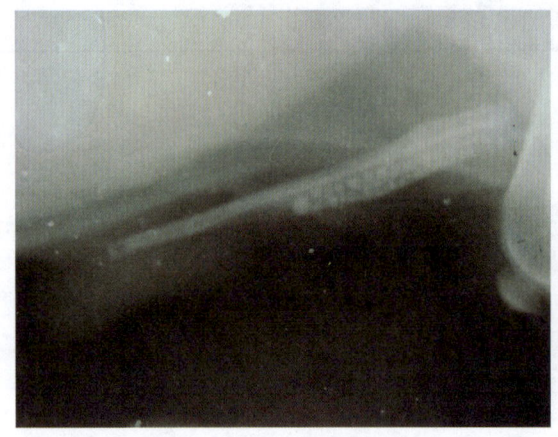
图4-1-1　8岁北京犬尿道结石

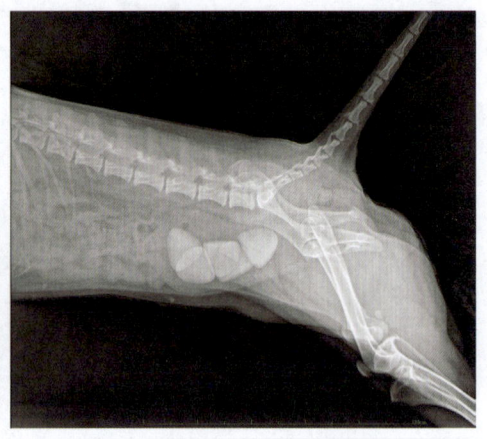
图4-1-2　12岁北京犬膀胱结石

手术步骤

（1）患犬行全身麻醉，仰卧保定。术部常规剃毛、消毒。

（2）母犬应在耻骨前2~3cm，沿腹中线切开。依次切开皮肤，分离皮下组织，切开腹中线、腹膜，打开腹腔（图4-1-3）。

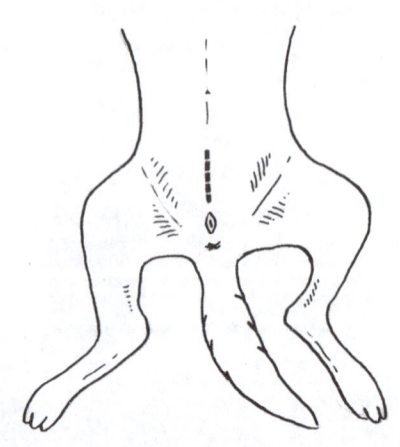
图4-1-3　母犬切口定位

（3）公犬在耻骨前3～5cm，阴茎包皮鞘旁，平行包皮鞘2cm（图4-1-4），切开皮肤，分离皮下组织，结扎腹壁后浅动脉、浅静脉，再依次切开腹外、内斜肌，腹直肌，后切开腹膜打开腹腔。另外，也可以在包皮鞘旁切开皮肤后，向包皮鞘下加以钝性分离，然后将包皮鞘向切口对侧牵拉，以显露出腹中线，再在腹中线上切开，打开腹腔。

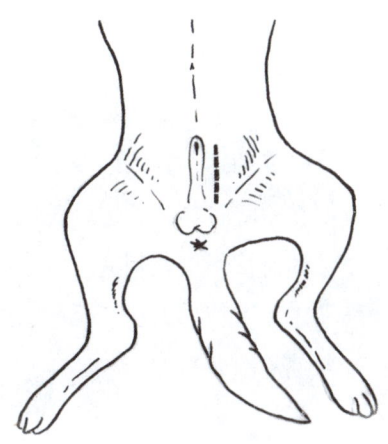

图4-1-4　公犬切口定位

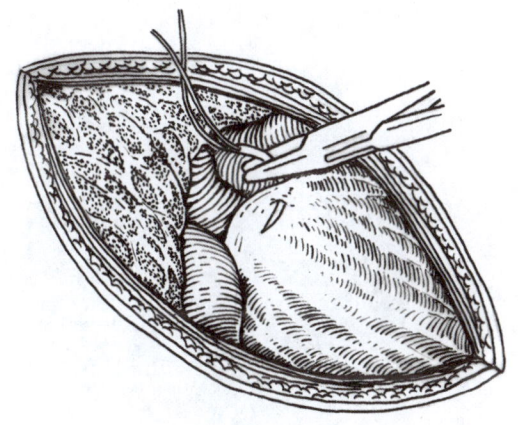

图4-1-5　在膀胱底部作预置牵引线

（4）将覆盖脏器的大网膜向前方推移，显露腹腔脏器。在膀胱底部用2条预置缝线以牵拉膀胱（图4-1-5）。

（5）将膀胱牵拉出腹腔外，周围用浸有生理盐水的灭菌纱布填塞隔离。用注射器抽出膀胱内的尿液（图4-1-6）。

图4-1-6　用注射器抽出膀胱内的尿液

（6）向后牵拉膀胱使之背侧向上，然后用手术刀在膀胱背侧，靠近膀胱底部的血管稀少处刺透膀胱壁，用手术剪扩大切口至所需长度（图4-1-7）。

图4-1-7 用手术刀刺透膀胱壁

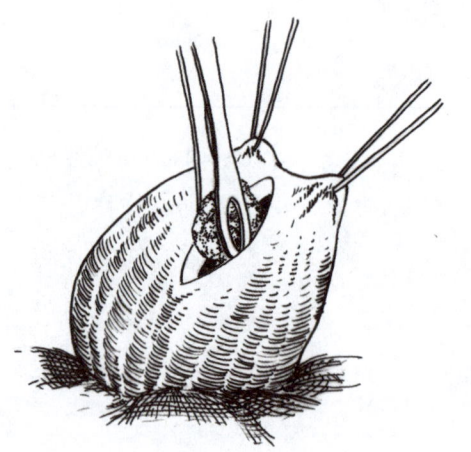

图4-1-8 取出膀胱内的结石

（7）用钳子夹取或用膀胱匙刮出膀胱内的结石（图4-1-8）。

（8）对泥沙样结石，也可用注射器连接软管冲洗膀胱腔（图4-1-9）。对于已经进入尿道的结石，可以从尿道口插管，用生理盐水加压冲灌尿道，使进入尿道内的结石逆行返回膀胱，然后自膀胱切口取出。

图4-1-9 用注射器冲洗膀胱腔内的结石

(9)膀胱切口的缝合,较为可靠的方法是分两层缝合膀胱壁,然后再进行第三层内翻包埋缝合。

第一层:用可吸收缝线,连续水平褥式外翻缝合法缝合膀胱黏膜及黏膜下层。可减少术后以缝线为核心再次形成结石的机会(图4-1-10)。

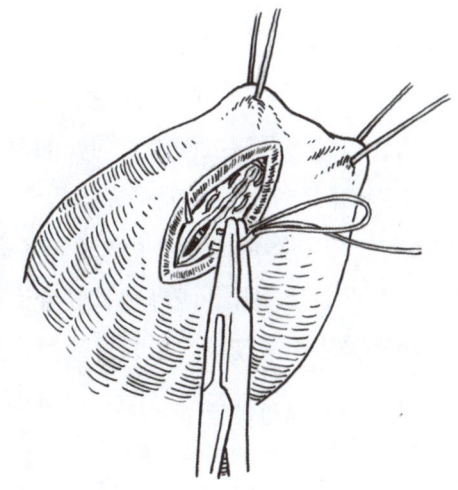

图4-1-10 连续水平褥式外翻缝合膀胱黏膜及黏膜下层

第二层:连续或结节缝合膀胱壁浆膜肌层(图4-1-11)。

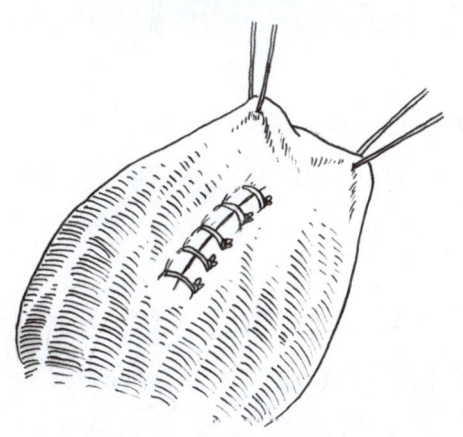

图4-1-11 连续或结节缝合膀胱壁浆膜肌层

第三层:连续或结节内翻缝合膀胱浆膜肌层(图4-1-12)。

(10)将膀胱还纳回腹腔内,常规缝合腹壁,关腹。

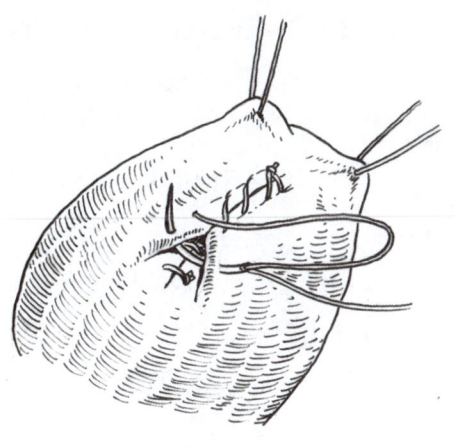

图4-1-12 连续或结节内翻缝合膀胱浆膜肌层

📋 手术注意事项

（1）作公犬的包皮鞘旁手术切口，要注意腹股沟管的位置。切口下缘不可过于靠后，以免伤及腹股沟管。同样的原因，在缝合腹壁时注意不要缝住腹股沟管浅环后端附近的阴部外动脉、静脉及淋巴管，否则可引起下腹壁及后肢水肿。

（2）公犬的两种手术切口各有需要注意之处。直接切开腹壁的切口，需要注意对腹壁后浅动脉、浅静脉及其分支做妥当处理，避免术中出血过多。包皮鞘下分离、推移经腹中线切口，虽然可避免伤及腹股沟管的问题和出血较少，但会形成较大的创囊。关腹时要注意尽量闭合或减小此创囊腔，防止术后囊腔积液、积血，引起包皮鞘肿胀，甚至感染化脓。必要时，可术后对局部进行加压包扎。

（3）膀胱壁在缝合时，无论何种材料的缝线，不可使其暴露在膀胱腔与尿液长期接触，这样极有可能成为再次形成结石的诱因。

（4）术中牵拉膀胱不可粗暴，避免造成膀胱壁血肿。切开膀胱后的出血点要做好止血处理，避免形成血肿。

（5）结石要彻底清除，避免成为再次形成结石的诱因。

（6）术后留置导尿管，待到尿液中不再有血色而变清亮、尿量正常后再拔除。

📋 术后护理

（1）由于手术切口位于腹底部，所以术后需要使用腹部复合绷带对创口部位进行保护，尤其是公犬的创口部位除要保护好外，还要考虑到排小便方便的问题。市售的袖形弹力绷带可以圆满地解决这些问题。

（2）术后3~5d使用抗生素控制感染。

（3）术后保证给予充足的饮水，必要时酌情给予利尿剂，以利于小便通畅，也可冲洗尿路。

（4）对于有结石的患犬，在术后要考虑检查结石形成可能的因素，及时采取措施进行消除。

（5）继续进行原发病的后续治疗。

（6）术后7d开始，分2~3次拆除皮肤缝线。即从创口两端起，每日拆除数针，2~3d拆完缝线。也可隔针拆除，2~3d拆完缝线。

二　公犬会阴部尿道造口术

公犬由于过去曾有尿道切开或尿道损伤的历史，而致尿道瘢痕形成，导致尿道狭窄；狭窄可逐步发展，尿道有完全封闭阻塞的可能；尿道或阴茎肿瘤、损伤导致排尿困难，甚至无法正常排尿；尿道结石引起尿道完全阻塞，并且伴有尿道局部因结石挤压损伤而发生炎症，手术取石后有引发尿道狭窄的可能。有以上情况的，可进行会阴部尿道造口术。会阴部尿道造口，因其位置较高，所以对其以下尿路所发生的各种情况来说都比较适宜。

手术适应证

会阴部以下，各种原因引起的严重的尿道狭窄、尿道肿瘤、对尿道有影响的阴茎肿瘤或损伤等问题，为防止尿路切开后继发尿道狭窄，可施行会阴部尿道造口术。

手术步骤

（1）施术犬侧卧或俯卧保定，尾牵引向背侧固定，全身麻醉。为防止犬在手术过程中排粪，可将肛门作荷包缝合。手术切口在肛门以下、阴囊以上的正中线上（图4-2-1）。

（2）如情况允许，可自尿道口插入导尿管至膀胱（图4-2-2），一是为排出膀胱内尿液，二是可在手术过程中指示尿道。

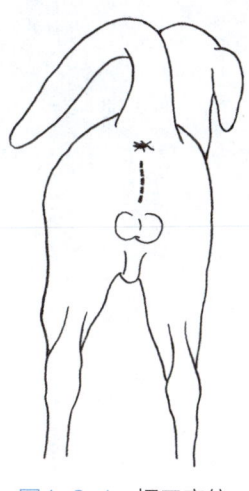
图4-2-1　切口定位

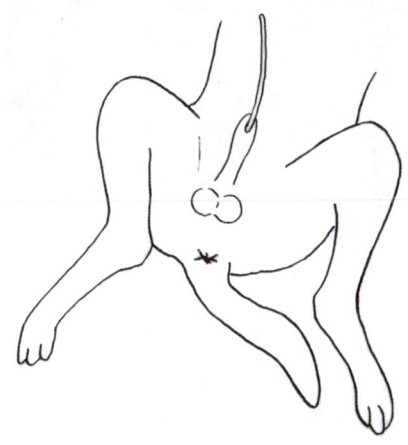
图4-2-2　术前进行尿道插管

（3）在会阴部正中线上依次切开皮肤及皮下组织，显露阴茎球海绵体肌。用结扎钳于阴茎两侧向阴茎背侧剥离，以部分游离阴茎并将其牵引至切口外（图4-2-3）。

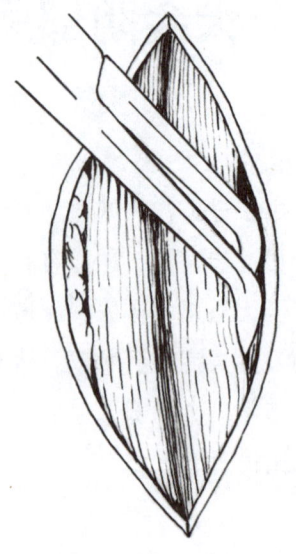

图4-2-3　用结扎钳于阴茎两侧向阴茎背侧剥离，以部分游离阴茎

（4）然后将结扎钳置于阴茎背部，使其固定，不能退缩回切口内。钳下用灭菌生理盐水纱布围绕进行隔离。在2条球海绵体肌之间的肌沟内纵向切开球海绵体肌、阴茎白膜，继续向深部切开尿道海绵体和尿道黏膜（图4-2-4）。

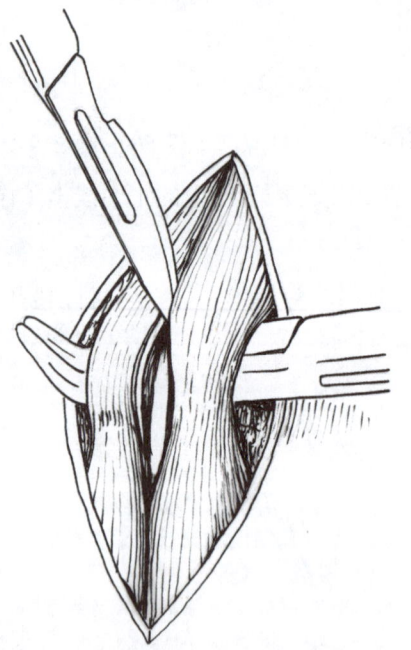

图4-2-4　固定阴茎，在2条球海绵体肌之间的肌沟内纵向切开球海绵体肌

（5）用0~4号丝质缝线将尿道黏膜与皮肤创缘作结节缝合（图4-2-5）。

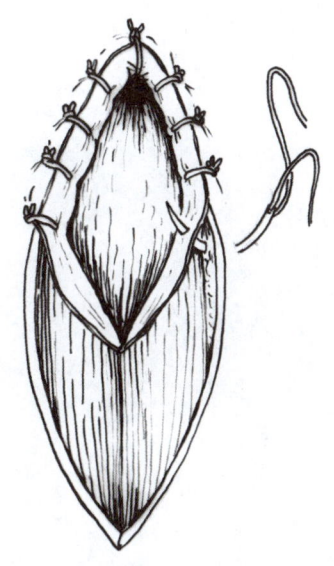

图4-2-5　结节缝合尿道黏膜与皮肤创缘

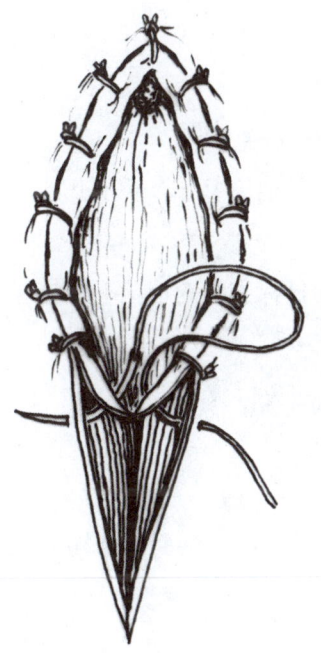

（6）在缝合尿道造口下端时，缝针先由一侧皮肤缘进针，然后穿进同侧尿道黏膜外面由内面出针，而后由对侧尿道黏膜内面进针穿至外面，再由皮肤内缘进针穿至皮肤外（图4-2-6）。这就保证了尿道口下端缝合的严密性。

图4-2-6　缝合尿道造口下端

（7）结节缝合皮肤切口下端（图4-2-7）。

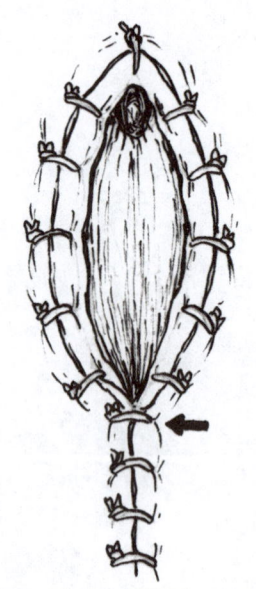

图4-2-7　结节缝合皮肤切口下端

手术注意事项

（1）手术的皮肤切口要严格保证在体正中线切开，避免偏斜。

（2）除非下尿路完全阻塞，无法插入导尿管，在其他情况下，手术开始前都要进行尿道插管以利手术进行。

（3）切开尿道黏膜时，在没有结石、导尿管等明显标志物的情况下要注意，避免切至尿道腹面的尿道黏膜，甚至切透尿道腹面黏膜。

（4）尿道黏膜与皮肤创缘的缝合要严密、平整，避免折皱、扭曲。

术后护理

（1）术后的3～5d要保留导尿管，使尿液经导尿管排出。然后根据局部炎症消退的情况决定何时拔除导尿管。

（2）术后使用抗生素5～7d，以控制感染。

（3）尿道造口处涂布抗生素软膏，每日3～5次。

（4）严禁动物术后舔咬创口。

三 公犬阴囊前（耻骨前）尿道切开术

犬的尿道结石是尿道阻塞最常见的原因，结石阻塞大多发生在阴茎骨的后端。结石在尿道内不完全阻塞时可见排尿时间延长、尿淋漓或分段排尿、排尿困难、排尿时痛苦，阻塞时间稍长可发生血尿。尿道结石完全阻塞时会出现尿闭，膀胱膨满，阻塞部后方尿道扩张并有波动感，排尿时不安或呕吐。如不及时处理尿道的完全阻塞，可发生膀胱破裂及可逆的尿毒症。通过尿道插管、金属尿道探针或尿道触摸可感知结石的存在和部位，X线透视或拍片，可见阻塞部的结石阴影。

手术适应证

尿道结石，经尿道逆行冲洗不能将结石冲回膀胱者，且结石部位确定在阴茎骨后端、阴囊前方尿道处，可进行阴囊前（耻骨前）尿道切开术取出结石。

手术步骤

（1）动物行全身麻醉，仰卧保定，手术区域剃毛、消毒，插入导尿管或金属尿道探针。手术切口前端位于阴茎骨后方1~1.5cm处，后端至阴囊稍前方，腹正中线上（图4-3-1）。

（2）以左手拇指与食指固定阴茎并使皮肤紧张，右手持手术刀在腹正中线上依次切开皮肤、皮下组织（图4-3-2）。

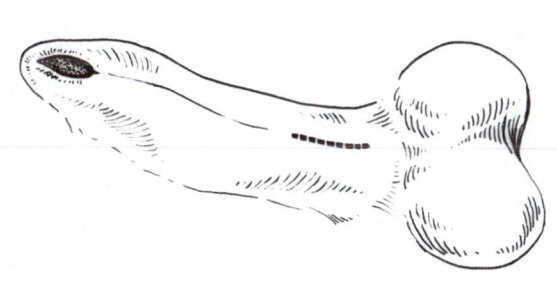

图4-3-1 手术切口部位

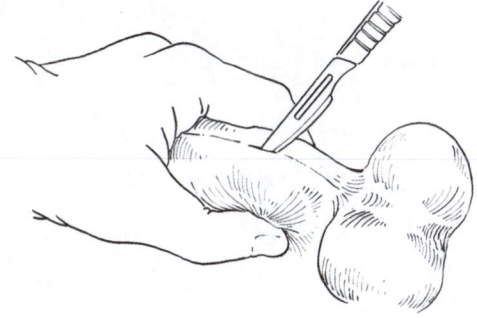

图4-3-2 在腹正中线上依次切开皮肤、皮下组织

（3）准确地在腹正中线2条阴茎退缩肌之间切开（图4-3-3），用组织钳向两侧牵开阴茎退缩肌，以显露由尿道海绵体包绕的尿道。

图4-3-3　在2条阴茎退缩肌之间切开

（4）探明结石部或导尿管（金属探针），用手术刀对准其部位切开尿道海绵体、尿道黏膜，切口为1~1.5cm（图4-3-4）。

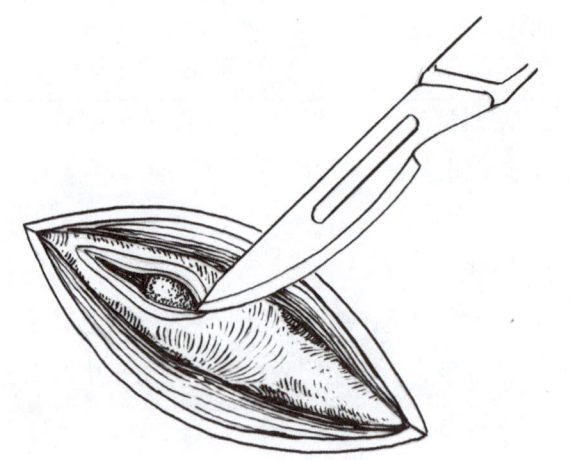

图4-3-4　切开尿道海绵体、尿道黏膜

（5）用止血钳或手术镊子取出切口处的结石（图4-3-5）。切口前方的结石可以用导尿管连接注射器用生理盐水逆行冲洗，将结石冲至切口除去。切口后方的结石可通过按摩膀胱促进排尿，由尿液冲出。

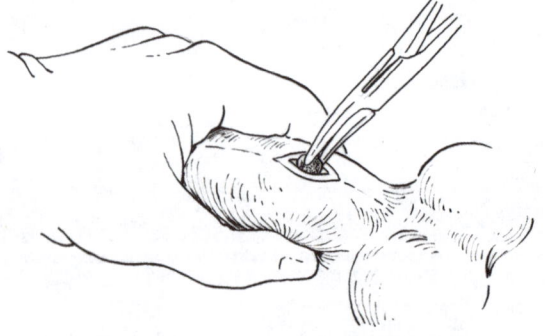

图4-3-5　用止血钳或手术镊子取出切口处的结石

（6）尿道切口用0～1号丝线进行缝合。缝线不要穿过黏膜全层，仅缝合黏膜下层及尿道海绵体，避免引起刺激并成为再次形成结石的核心。尿道黏膜下层及尿道海绵体作结节缝合，阴茎退缩肌作结节缝合，最后结节缝合皮下组织与皮肤（图4-3-6）。也可以将尿道切口开放，由其进行二期自行愈合。

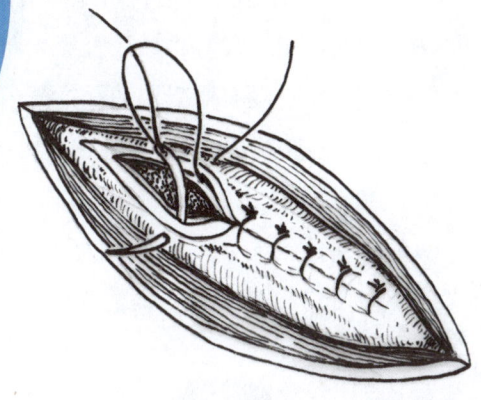

图4-3-6　尿道切口用0～1号丝线进行缝合

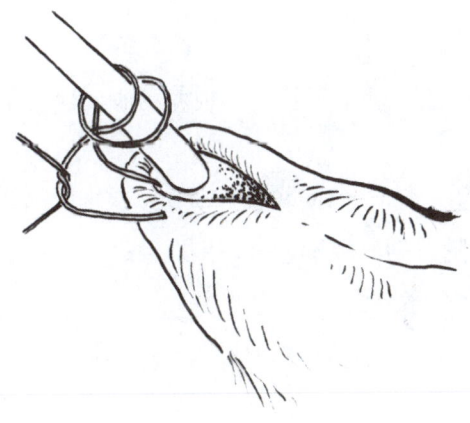

图4-3-7　术后留置导尿管

（7）愈合期间，为减少尿液对尿道切口的刺激，以及预防切口处形成狭窄并方便术后进行膀胱冲洗，术后需留置导尿管。导尿管一端插入膀胱内，一端在包皮口处进行固定，防止脱落（图4-3-7）。

手术注意事项

（1）本手术自切开皮肤起，要严格遵循在腹正中线上进行切割分离组织，否则有可能偏离尿道而致手术遭遇严重的失误和麻烦。

（2）尿道结石和导尿管（金属探针）在术中可以指示尿道所在，在切开尿道时要注意辨认。

（3）尿道切开后，可能有大量的血色尿液自膀胱涌流而出，其中可带有血凝块和纤维蛋白团块。应将导尿管插入膀胱内注入生理盐水，反复进行冲洗。直至流出的液体变清亮，没有血凝块和纤维蛋白团块为止。然后向膀胱内注入青霉素溶液，并使溶液保留在膀胱内。

（4）尿道的缝合，缝线不要穿透尿道黏膜暴露在尿道内。尿道黏膜下层及尿道海绵体缝合要严密，否则在术后可因尿液渗漏造成腹壁下大面积水肿，甚至感染化脓。

（5）尿道内结石要清除彻底。

术后护理

（1）术后给予抗生素以控制感染。

（2）必要时给予利尿剂和大量饮水以形成大量稀释尿，借此降低尿液晶体浓度和冲洗尿路。

（3）改变饲养方式和更换饲料，防止结石再次形成。

（4）防止动物舔咬术部。每日清理术部后涂布抗生素软膏。饲养场所要保持干燥、清洁。

（5）切口开放处理的动物，愈合时间需要3~4周，时间较长。动物每次排尿都会对切口形成刺激，术后初期切口处会有出血，随着创口缓慢愈合，出血会逐渐停止。但在术后初期要经常清洗创口及周围，并涂布抗生素软膏。

（6）术后留置导尿管不少于7d，以减轻尿液对尿道切口处的刺激和利于膀胱冲洗等操作，并且可以扩张尿道，防止狭窄。

四　公猫会阴部尿道造口术

手术适应证

公猫会由于尿石症或因尿路感染时的炎性产物、脱落的泌尿道上皮、血凝块等，集聚于尿道，从而造成尿道阻塞。临床常出现尿频、排尿困难、尿淋漓、血尿或尿闭等症状。有以上情况的，可施行会阴部尿道造口术。

公猫尿道阻塞的部位多在阴茎尿道口近端，经插入导尿管进行冲洗、疏通等保守治疗后常会复发。

手术步骤

（1）患猫行全身麻醉，俯卧位保定，尾牵引向背侧固定。为防止患猫在手术过程中排粪，可将肛门作荷包缝合。手术切口在肛门以下，围绕阴囊和包皮呈椭圆形（图4-4-1）。可以在术前插入人用输尿管导管，借以在手术过程中指示尿道。

（2）用手术刀围绕阴囊和包皮作椭圆形皮肤切口（图4-4-2）。

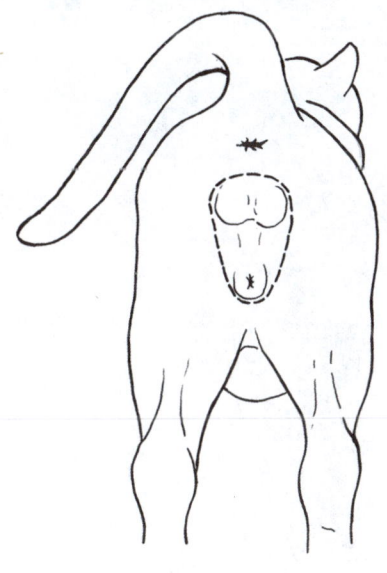

图4-4-1　切口定位

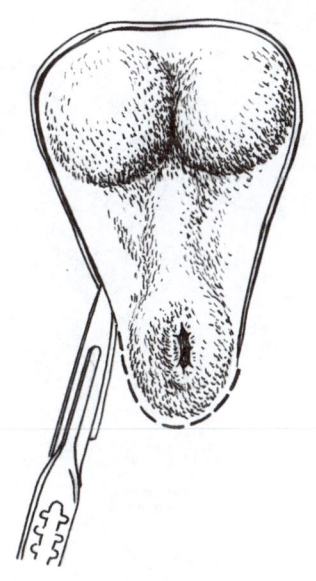

图4-4-2　用手术刀作椭圆形皮肤切口

（3）用手术剪分离皮下组织（图4-4-3），充分显露鞘膜管，于鞘膜管外结扎精索，然后将睾丸、阴囊及包皮一同切除。

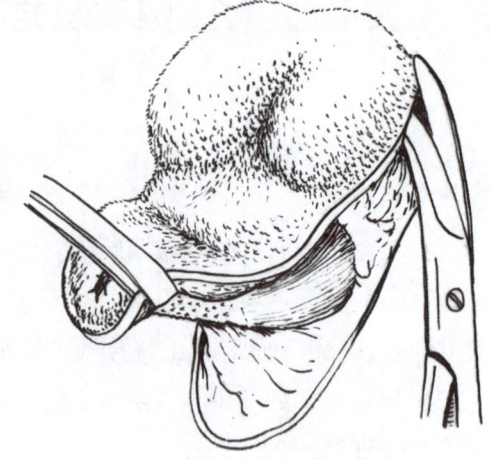

图4-4-3 用手术剪分离皮下组织

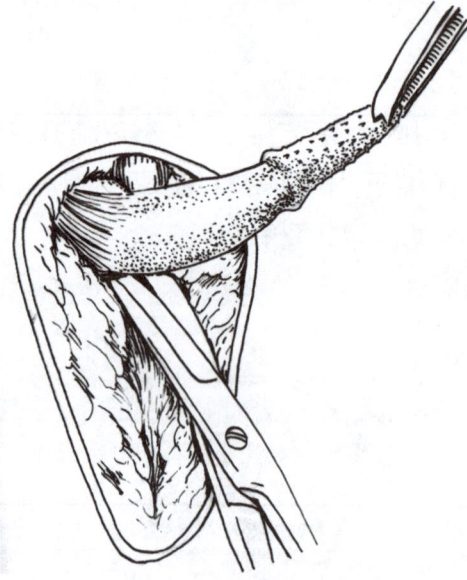

图4-4-4 分离阴茎下组织

（4）提起阴茎，用手术剪游离阴茎至坐骨弓处，切断坐骨海绵体肌、坐骨尿道肌（图4-4-4）。

（5）用手术镊子夹持阴茎向后方牵引（图4-4-5）。

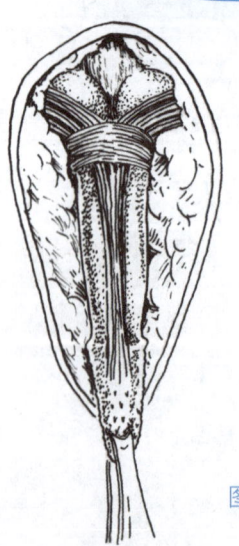

图4-4-5 向后牵引阴茎

（6）剪断阴茎缩肌（图4-4-6）。

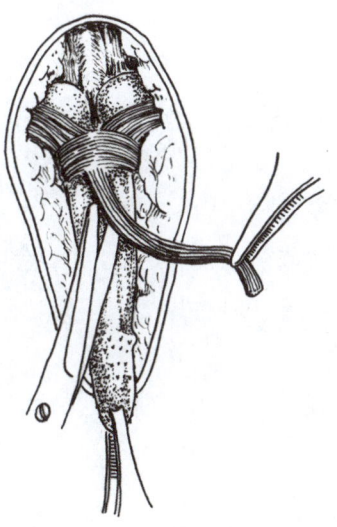

图4-4-6 剪断阴茎缩肌

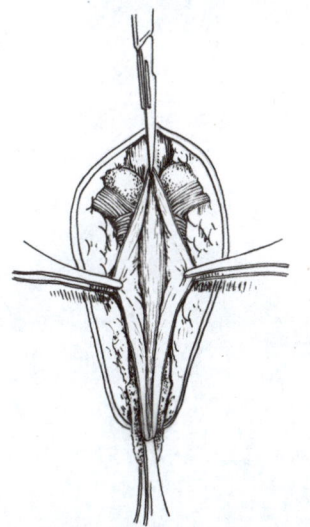

图4-4-7 切开尿道至骨盆部尿道后端

（7）用眼科剪或11号角形手术刀，切开尿道至骨盆部尿道后端（图4-4-7）。

（8）先在正中和两侧均等三点分别把骨盆部尿道黏膜和会阴部皮肤创缘作三针结节缝合（图4-4-8）。

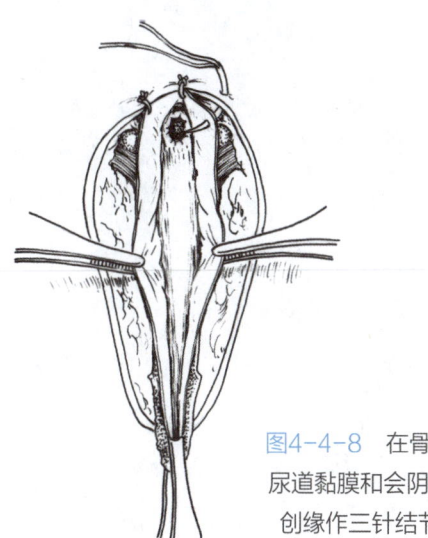

图4-4-8 在骨盆部把尿道黏膜和会阴部皮肤创缘作三针结节缝合

（9）再把阴茎部尿道黏膜和周围创缘皮肤作结节缝合，然后剪断阴茎（图4-4-9）。

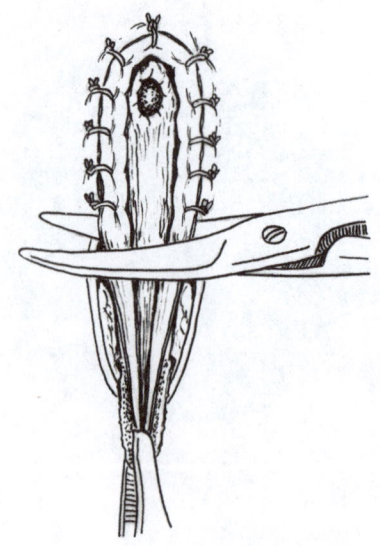

图4-4-9　阴茎部尿道黏膜和周围创缘皮肤作结节缝合，然后剪断阴茎

（10）将阴茎部远端断端及尿道黏膜与皮肤创缘作结节缝合，并闭合下部皮肤创口（图4-4-10）。拆除肛门的荷包缝线。

图4-4-10　阴茎部远端断端及尿道黏膜与皮肤创缘作结节缝合，并闭合下部皮肤创口

手术注意事项

（1）术前先经尿道口插入人用输尿管导管，在手术过程中可以指示尿道的位置。

（2）术中使用眼科剪或11号角形手术刀切开尿道黏膜，在缝合过程中要使用微细组织镊子夹持尿道黏膜，减少对尿道黏膜的刺激和损伤。

（3）用不可吸收缝线进行缝合。

术后护理

（1）在创口愈合过程中，要及时清理尿道造口周围的尿液，保持局部皮肤干燥。

（2）尿液的刺激可导致在尿道造口处形成肉芽，而导致皮肤创口的粘连，使造口闭合。为避免以上情况，可在骨盆部尿道内留置导管，待皮肤创口愈合后拔除。

（3）术后每日3~5次在造口处涂抹红霉素软膏，以抗感染和保护创口。

（4）术后7~10d拆除皮肤缝线。

（5）术后根据需要使用抗生素与利尿剂。

第五章

生殖系统外科手术

一　公犬去势术

为了使公犬通过去势来达到某些饲养或工作上特殊的目的要求，可以通过手术摘除公犬的睾丸。公犬施行去势术后，并不改变其兴奋性，也不影响犬的护卫、狩猎等能力。

手术适应证

需要施行去势术的公犬。该手术也用于严重睾丸炎、睾丸或附睾肿瘤、睾丸创伤等的治疗；对有前列腺肥大和会阴疝的公犬，施行去势术也是有效的辅助治疗。

手术步骤

（1）犬行全身麻醉，仰卧保定。

（2）用左手拇指、食指将睾丸推挤到阴囊最底端，并捏挤固定，使阴囊皮肤紧张。平行阴囊缝际，距缝际0.5~1cm处作一皮肤切口（图5-1-1）。要求一刀整齐地切透皮肤、肉膜、总鞘膜。用手术刀一刀刺入睾丸实质，然后扩大到所需长度1.5~3cm，不要切伤阴囊中隔。这样可以避免各层组织切口相互错位封闭，术后积液不易排出而造成渗出液积留，致使阴囊肿大。

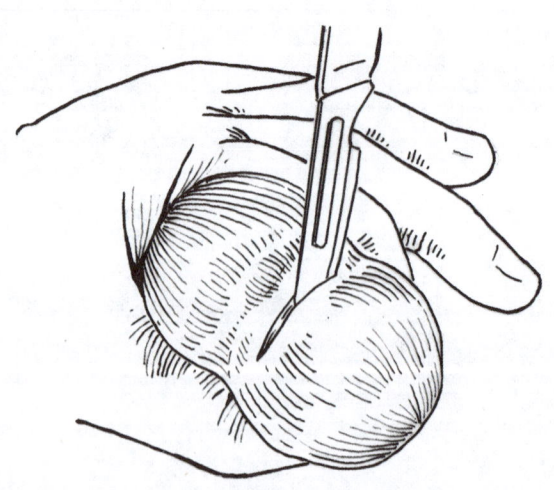

图5-1-1　沿阴囊缝际切开皮肤

（3）用两手指挤压阴囊上端，将睾丸挤出皮肤切口，使睾丸完全显露。用手术剪将附睾尾韧带剪断，然后将睾丸系膜从精索上撕开，连同总鞘膜一同推向腹腔方向，牵拉睾丸，充分显露精索（图5-1-2）。

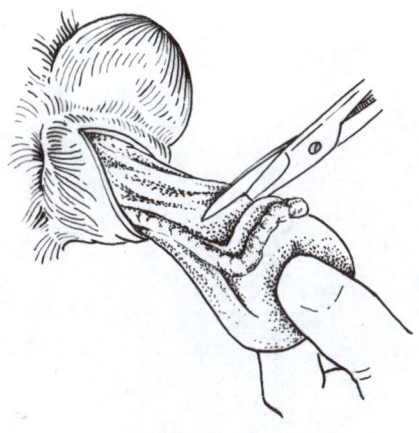

图5-1-2 剪断附睾尾韧带，分离睾丸系膜，充分显露精索

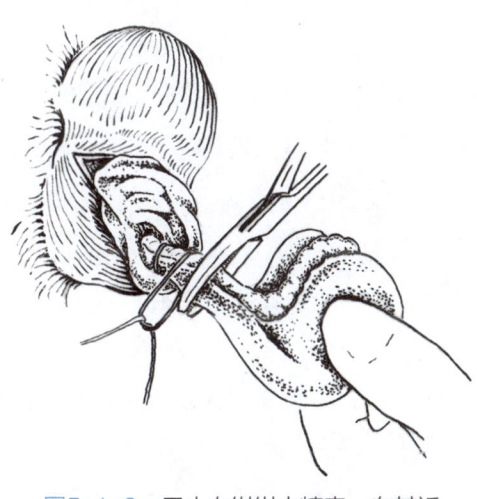

图5-1-3 用止血钳钳夹精索，在其近心端进行双重结扎

（4）用止血钳钳夹精索，在钳夹部位的近心端用缝线作双重结扎。精索较粗的，需要进行贯穿结扎。但应注意不要刺穿精索血管，以免引起精索血肿（图5-1-3）。

（5）在结扎部位的远心端处剪断精索，确认无出血后，将精索断端还纳回鞘膜管内（图5-1-4）。

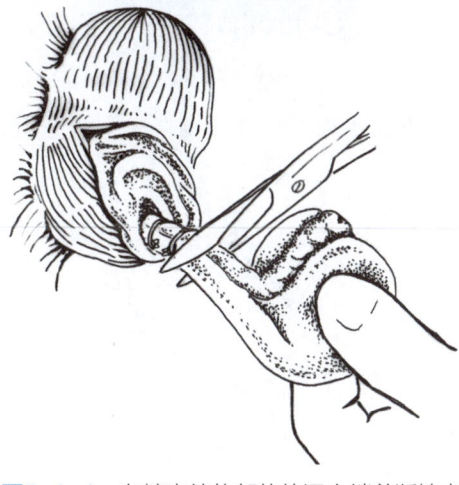

图5-1-4 在精索结扎部位的远心端剪断精索

（6）经同一皮肤切口，在阴囊中隔上作切口到达另一侧阴囊，按同样的操作切除另一侧睾丸（图5-1-5）。

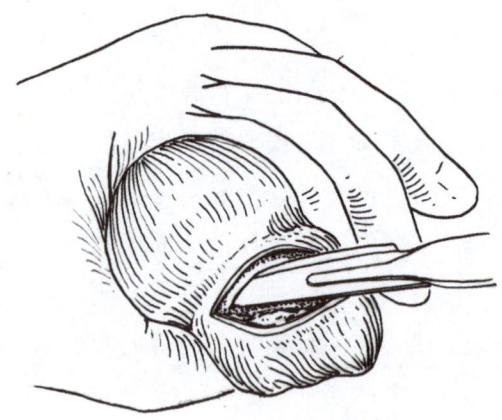

图5-1-5 在阴囊中隔上作切口，切除另一侧睾丸

📋 手术注意事项

（1）在切开阴囊皮肤和切除另一侧睾丸时，要求一刀整齐地切透各层组织，避免术后各组织切口相互间错位封闭，造成排液不畅，引起阴囊肿胀。

（2）较粗的精索需要进行贯穿结扎，避免结扎线脱落而发生大出血。

（3）剪断精索后，应检查精索结扎是否良好、断端有无出血，在确认没有出血后才能将其还纳回鞘膜管内。

（4）切除睾丸后需要对阴囊壁皮肤创口、肉膜、总鞘膜断面的较大出血点进行妥善的止血处理。

（5）对阴囊切口一般不主张缝合。但在有的情况下切口较大，可对切口作包括总鞘膜、肉膜、皮肤在内的全层的缝合，对创口缝合1针或2针。这种缝合对创口起到牵拉靠拢以利愈合的作用即可，不必过于严密。

📋 术后护理

（1）术后注意犬的活动休息场地要保持干燥、清洁，排泄物及时清理，避免术部感染。

（2）术部无须包扎。可以每日用刺激性小的消毒液涂擦数次。术部保持干燥、清洁。

（3）对于舔咬术部的犬，前3d最好佩戴口笼或伊丽莎白项圈。

（4）对术后阴囊发生水肿的，要及时处理。找出原因，排出积血、积液，做好引流，多数阴囊水肿的情况会逐渐消退。一旦发生感染则要采取抗感染措施进行处理。

（5）创口皮肤的缝线于术后7d拆除。

二 嵌顿包茎还纳术

嵌顿包茎是指脱出的阴茎因各种原因嵌顿于包皮口，而不能正常地收回到包皮鞘内。犬类多发。本病的发生与非正常交配、阴茎外伤、肿瘤或异物等因素有关。犬阴茎骨骨折时可伴发本病。当犬机体衰弱或过劳时发生阴茎脱垂，可因阴茎长时间脱垂显露在包皮外出现水肿而发生嵌顿。临床可见阴茎淤血肿胀，无力地脱出于包皮囊外。脱出的阴茎常因发生损伤和炎症致脱出部及龟头有破溃、坏死出现（图5-2-1）。

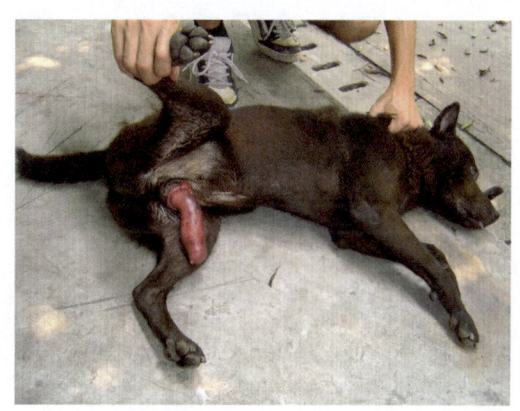

图5-2-1　犬嵌顿包茎

手术适应证

发生阴茎嵌顿的犬或猫，阴茎不能收回到包皮内，经其他方法整复无效的，可用手术方法解决。

手术步骤

（1）动物行全身麻醉。

（2）对新发生病例，可以先用0.1%高锰酸钾溶液清洗阴茎，用纱布浸浓的硫酸镁溶液温敷水肿的阴茎，可使水肿部分消退以利还纳。在阴茎上涂布灭菌石蜡油或抗生素软膏，然后用手术镊子或组织钳夹持包皮口向外牵拉，同时用手将阴茎推挤还纳回包皮鞘内。阴茎还纳回包皮鞘内后,贯穿包皮口两侧皮肤作1~2针结节缝合,以缩窄包皮口,防止阴茎脱出。待阴茎消肿并恢复退缩功能后,拆除包皮口的缝线。

(3)如不能简单地徒手还纳阴茎,则需用0.1%新洁尔灭溶液冲洗包皮鞘腔,用碘伏消毒包皮口。在包皮口腹侧面正中处依次切开皮肤、皮下组织和包皮黏膜,以扩大包皮口(图5-2-2)。

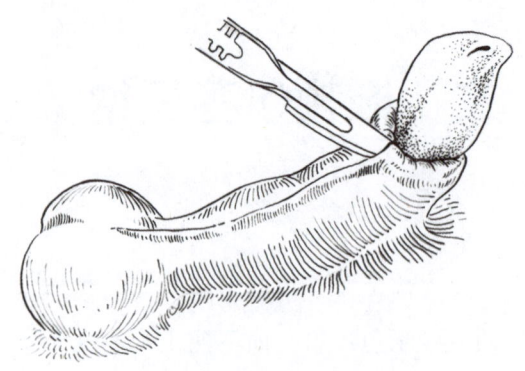

图5-2-2　切开包皮口腹侧面皮肤

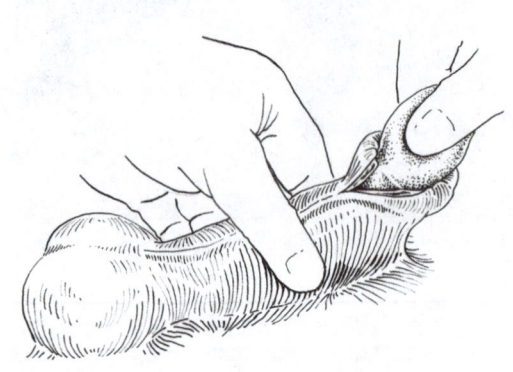

图5-2-3　将阴茎还纳回包皮鞘内

(4)经扩大的包皮口,用手将脱出的阴茎推回包皮鞘内(图5-2-3)。

(5)将包皮黏膜和皮肤创缘作结节缝合,使包皮口术后永久性扩大(图5-2-4)。

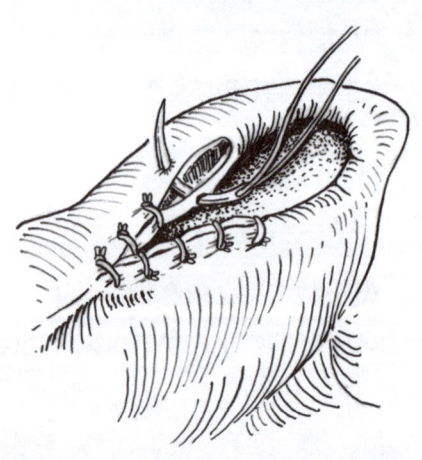

图5-2-4　结节缝合包皮黏膜和皮肤创缘

(6）检查阴茎收缩功能，是否还会再次脱出，包皮口处是否会影响阴茎伸缩动作（图5-2-5）。

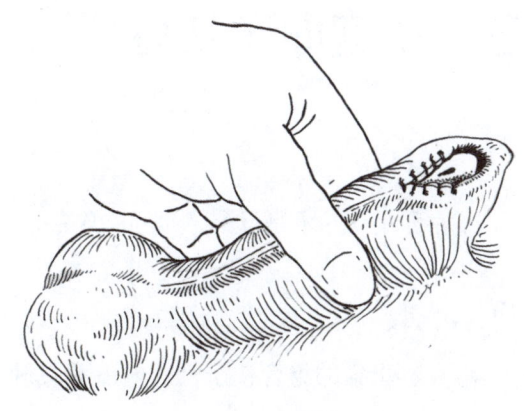

图5-2-5　检查包皮口是否合适

📋 手术注意事项

（1）应注意与阴茎异常勃起、先天性包皮过短和阴茎骨畸形或阴茎缩肌麻痹等相区别，避免误行手术。

（2）还纳阴茎前，消除或减轻阴茎的部分水肿有利于还纳并减少对阴茎的损伤。可用5%～10%的硫酸镁或硫酸钠溶液温敷水肿部位数分钟。

（3）切开包皮口，以可还纳回阴茎为度，切口不可过大。

（4）为防止还纳的阴茎再次脱出，一般需在包皮口进行1～2针假缝合使包皮口变狭窄。但在采取此种方法时要注意排尿的通畅。

（5）对于阴茎退缩功能估计难以恢复的病例，在包皮口的处理上要采取永久性狭窄缝合处理。

📋 术后护理

（1）无论包皮口在整复阴茎时是否切开，在术后包皮鞘内每日必须用消毒液进行清洗，然后于包皮鞘内涂布抗生素软膏。

（2）对于阴茎有损伤或炎症者要使用抗生素进行抗感染治疗。对水肿状态要采取措施促进其尽快消退。对于阴茎的退缩功能是否可以恢复正常要有正确的估计。对丧失退缩功能的，要尽早采取措施，防止再次发生脱垂嵌顿。

（3）术后保持饲养场所、环境干燥、清洁。防止犬只舔咬术部。防止粪便污染术部。

（4）注意患犬术后排尿情况。如出现排尿困难、不畅、淋漓等情况，要及时采取措施，必要时留置导尿管。

三　子宫卵巢切除术

子宫卵巢切除术是母犬、母猫临床最常用的外科手术。

手术适应证

母犬、母猫的绝育；子宫肿瘤、卵巢肿瘤或囊肿；子宫的积脓、扭转、脱出、破裂及先天畸形，需要进行治疗性的子宫卵巢切除，均可施行此手术。为预防发生阴道增生、乳腺肿瘤等疾病，而进行预防性子宫卵巢切除，也可施用此手术。

手术步骤

（1）动物行全身麻醉，仰卧保定。

（2）自脐孔稍后开始，沿腹中线向后延长10～15cm为切口。术部进行剃毛、消毒。依次切开皮肤、皮下组织、腹中线和腹膜，打开腹腔。切口长度根据动物个体大小及能否充分显露腹腔而定（图5-3-1）。

（3）打开腹腔后，将大网膜由后向前推移，显露腹腔内脏器。用直角钳贴沿一侧腹壁轻轻滑向脊柱方向寻找、钩挑子宫角（图5-3-2）。

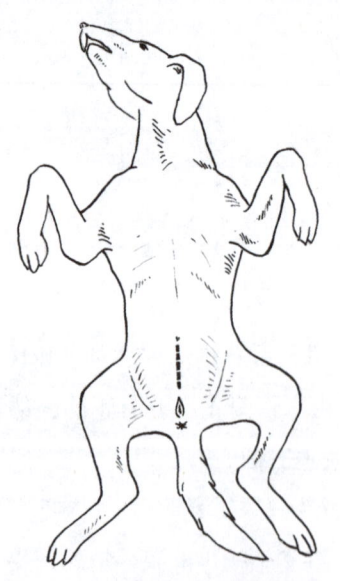
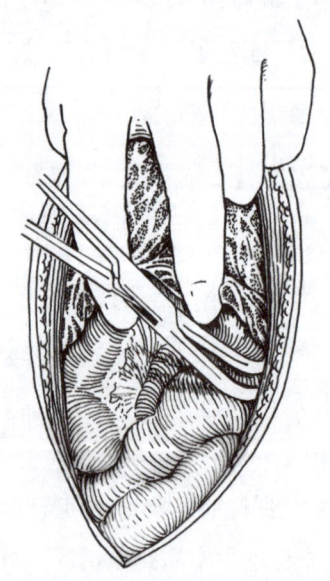

图5-3-1　从脐孔向后沿腹中线切开腹壁　　图5-3-2　用直角钳寻找、钩挑子宫角

（4）用直角钳找到并钩住子宫角，轻轻将其牵拉至切口处（图5-3-3）。

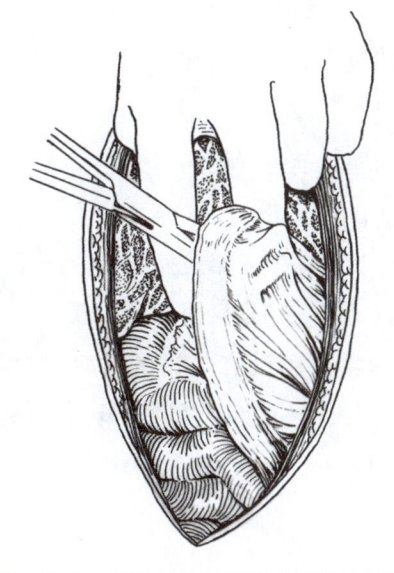

图5-3-3　用直角钳将子宫角牵拉至切口处

（5）向后方牵拉子宫角，将卵巢导引至切口处。如果单纯为了给母犬绝育，可只摘除卵巢而不必切除子宫。用直角钳夹持卵巢蒂部并向上提起，用缝线在钳夹部的下方双重结扎卵巢系膜及血管，然后将卵巢切除（图5-3-4）。卵巢切除后经检查结扎可靠、确定无出血时，才可将子宫角还纳回腹腔内。

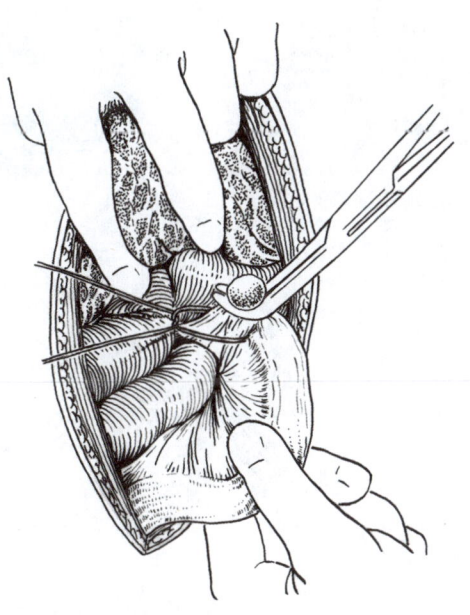

图5-3-4　夹持卵巢并结扎、切除卵巢

（6）如果手术需要将子宫、卵巢一同切除，在找到并用直角钳夹住卵巢后，用手术刀轻轻划断卵巢前方背侧的卵巢悬吊韧带（图5-3-5）。这样可使紧张的卵巢系膜便于牵拉操作。但须注意：失去卵巢悬吊韧带的保护，卵巢系膜没有足够的柔韧度，如果牵拉过度，可将卵巢系膜连同卵巢动脉、静脉一并拉断，这是十分危险的。

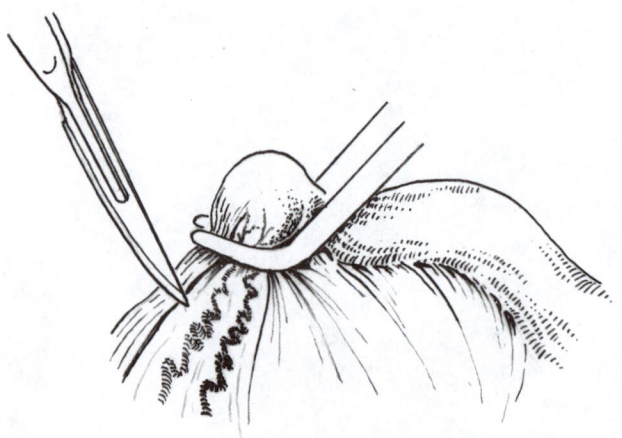

图5-3-5　用手术刀划断卵巢悬吊韧带

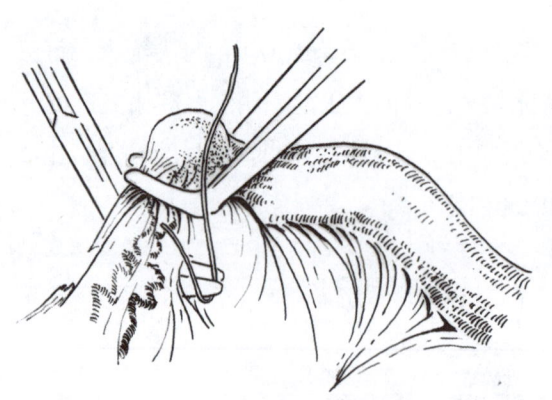

图5-3-6　止血钳穿过靠近卵巢血管的卵巢系膜前方，导引缝线穿过卵巢系膜

（7）止血钳穿过靠近卵巢血管的卵巢系膜前方，然后用止血钳夹持导引缝线穿过卵巢系膜，对卵巢系膜和卵巢血管进行双重结扎（图5-3-6、图5-3-7）。

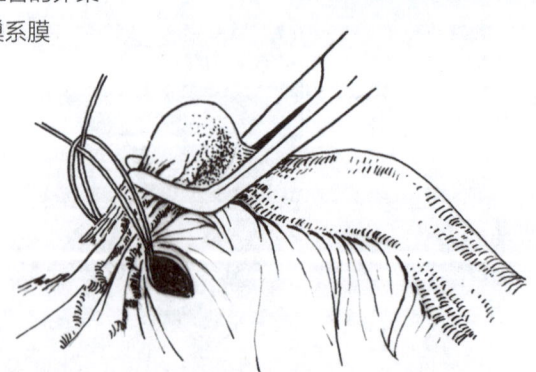

图5-3-7　双重结扎卵巢系膜和卵巢血管

第五章 生殖系统外科手术 123

（8）在结扎线上方切断卵巢系膜。这时卵巢血液供应已被截断，卵巢端已处于游离状态（图5-3-8）。

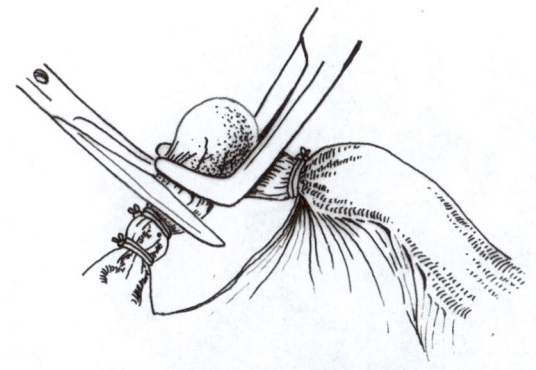

图5-3-8 在结扎线上方切断卵巢系膜

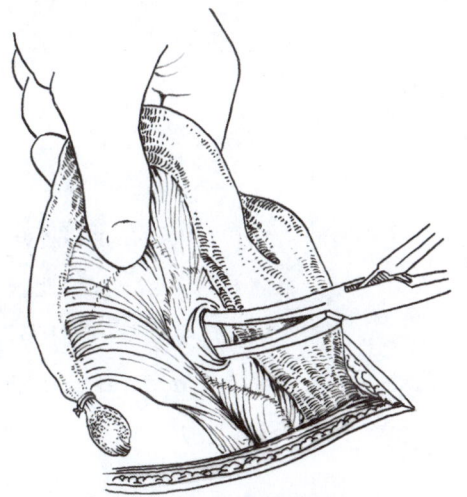

图5-3-9 用止血钳穿透并分离子宫阔韧带及其上的血管

（9）在靠近子宫体处的子宫阔韧带上少血管处，用止血钳沿子宫体穿透子宫阔韧带并将其从子宫体上剥离，将供应子宫的血管分离到远离子宫的一侧（图5-3-9）。

（10）双重集束结扎子宫阔韧带，阻断子宫角来自子宫阔韧带的血液供应（图5-3-10）。

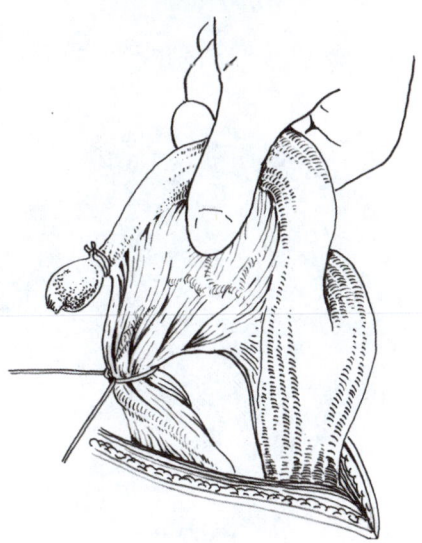

图5-3-10 双重集束结扎子宫阔韧带

（11）此时子宫角并非处于完全无血液供应的状态，因此要在集束结扎后靠近子宫角处钳夹子宫阔韧带。然后在结扎线与止血钳之间切断子宫阔韧带（图5-3-11）。

图5-3-11　在结扎线与止血钳之间切断子宫阔韧带

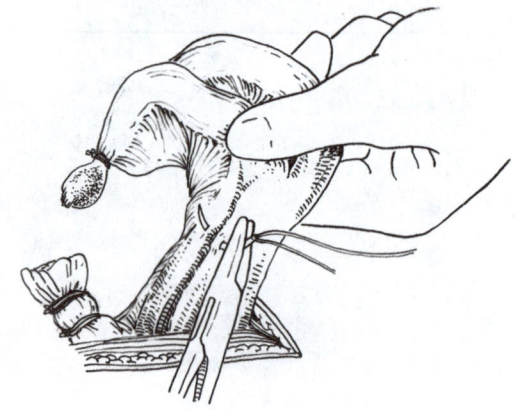

图5-3-12　结扎子宫中动脉

（12）在子宫体距离子宫颈2~3cm处找到子宫中动脉，用10号缝线双重结扎子宫中动脉（图5-3-12）。

（13）结扎线的线尾则绕过子宫体，对子宫体进行捆扎（图5-3-13）。

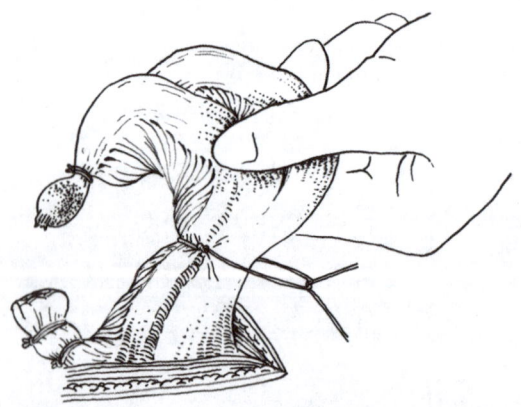

图5-3-13　结扎线线尾绕过子宫体进行捆扎

（14）截除子宫。子宫体的断端用连续缝合进行闭合（图5-3-14）。

图5-3-14　截除子宫，闭合断端

（15）在子宫蓄脓的情况下切除子宫时，子宫体作两道捆扎，在两道捆扎线中间截断子宫。可在截断子宫时封闭被截除端子宫断端，防止脓液外溢造成污染。

（16）依次缝合腹膜、腹中线及皮下组织、皮肤，关闭腹腔。

手术注意事项

（1）结扎卵巢血管一定要可靠，避免术后出血，危及生命。

（2）牵拉子宫角导出卵巢时不可强拉，防止拉断卵巢系膜、血管，引发严重出血。

（3）切断卵巢悬韧带可松缓卵巢系膜的紧张状态，但是要注意不可伤及卵巢血管，引发大出血。

（4）子宫蓄脓切除子宫时，为避免脓液溢出，必须对被截除端的子宫体也进行捆扎，以封闭子宫腔，然后再截断子宫。同时防止污染腹腔。

（5）沿腹壁切口切开皮肤后，需将皮肤切口下的皮下脂肪剪除，防止切口缝合后切口下脂肪液化影响愈合。

术后护理

（1）术后3～5d使用抗生素进行抗感染治疗。如果原发病为子宫蓄脓等，使用抗生素治疗则根据病情需要进行。

（2）使用腹部复合绷带包扎术部。术后2～3d检查1次术部，并进行清洁消毒处理。

（3）饲养环境要安静、清洁、干燥。

（4）术后7～10d拆除皮肤缝线。

📋 附：猫的卵巢子宫切除术肷部切口

猫的卵巢子宫切除术，除可用与犬相同的下腹部切口以外，还可用肷部切口来进行本手术。经此切口切除卵巢子宫仅限以去势为目的的母猫，不适合卵巢、子宫有病变、需要摘除治疗的母猫。

猫右侧卧保定。前肢、后肢分别向前、后牵拉固定。切口在左肷部，髋结节稍前下方，作2~3cm小切口（图5-3-15）。分别切开皮肤、腹外斜肌；用止血钳顺着肌纤维方向在腹内斜肌上作钝性分离，显露腹膜；剪除切口附近的腹膜下脂肪，剪开腹膜。

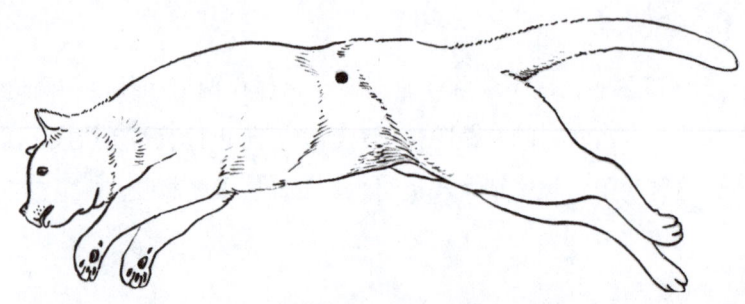

图5-3-15　母猫肷部切口定位

在切口附近很容易找到左侧子宫角，用弯钳挑出。向后方牵拉子宫角导出卵巢，同犬的卵巢摘除方法一样结扎摘除。然后向前方牵拉子宫角，找到子宫连合部，再转而牵引下（右）边的子宫角导出右侧卵巢，同样方法摘除。

如需同时切除子宫，可同时进行。关腹时腹膜和腹内斜肌作2~3针结节缝合，腹外斜肌与皮肤作结节缝合。

此手术的注意事项有以下3点：

（1）此切口较腹中下壁切口优点是切口小，术后容易护理。但其位于体壁一侧，所以取出和摘除对侧子宫及卵巢，在操作上就增加了难度。

（2）子宫角组织较脆，在牵拉时（尤其是对侧的子宫角和卵巢）要特别注意，不可粗暴对待。牵拉困难时，可放松后肢，使猫的身体蜷缩，同时下压腹壁，有利于将对侧的卵巢与子宫角牵出。

（3）此切口适用于体形较小、不太肥胖的猫。体形较大、肥胖的猫建议还是以腹下壁切口为宜。

四 剖宫产术

母犬、母猫难产或在预定分娩时,经手术切开子宫、取出胎儿的方法。

手术适应证

在预定分娩期,由于胎儿过大、子宫收缩无力或母犬、母猫骨盆狭窄等因素而导致分娩困难时,要施行剖宫产术。

手术步骤

(1)动物行全身麻醉,仰卧保定。腹底壁剃毛,常规消毒,铺设隔离创巾。

(2)经腹中线切口,按犬子宫卵巢切除术方法,打开腹腔。

(3)从腹腔切口,先将一侧子宫角取出,再把另一侧子宫角和子宫牵拉到腹腔外。用浸有生理盐水的大纱布填塞、围绕子宫和腹壁切口。

(4)在子宫体背侧中线处,纵向切开子宫壁(图5-4-1)。

(5)手指从子宫切口进入,先将靠近子宫切口的胎儿拉出,然后再将两子宫角内的胎儿依次挤向切口,并逐个取出。胎儿取出后,马上交由助手迅速处理,撕破羊膜,清除口、鼻内的黏液。用两把止血钳夹住脐带,在两钳之间剪断脐带(图5-4-2)。如果胎儿没有呼吸或出现呼吸抑制(间断呼吸)时,可轻轻按摩胸壁或进行人工呼吸。用干毛巾擦拭新生幼犬、幼猫,可使其很快加强呼吸和活动能力。

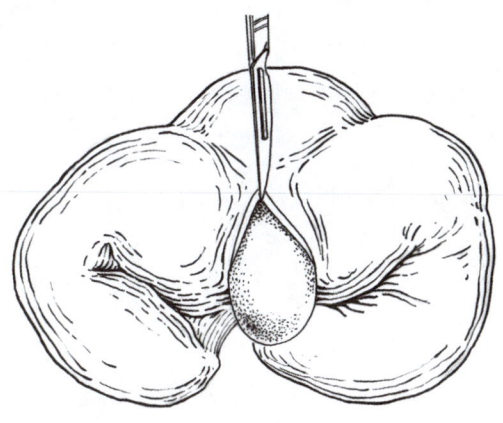

图5-4-1 在子宫体背侧中线切开子宫壁

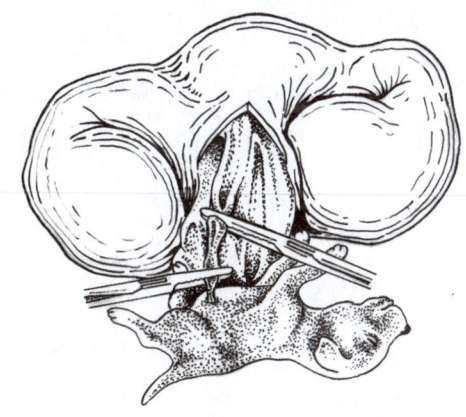

图5-4-2 钳夹脐带,剪断脐带

（6）每取出一只幼犬，即用止血钳夹住并卷绕胎膜和胎盘，同时轻轻地拉出胎膜和胎盘（图5-4-3）。拉出的胎膜和胎盘交由助手处理，摊开后检查其是否完整。

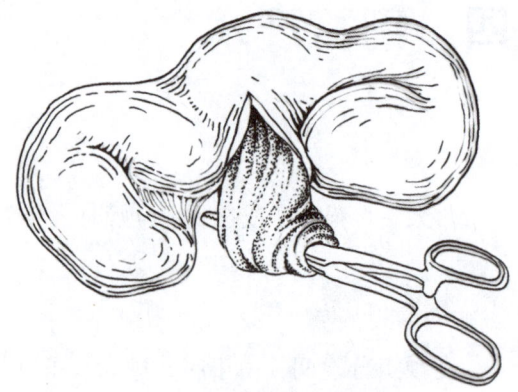

图5-4-3　轻轻地拉出胎膜和胎盘

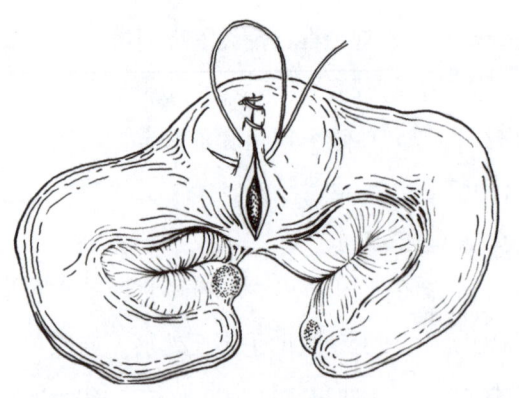

图5-4-4　缝合子宫壁

（7）在胎儿和胎盘完全取出后，子宫切口用可吸收缝线作两层缝合。第一层，子宫壁全层的连续水平（垂直）内翻缝合；第二层，连续垂直内翻浆膜和肌层缝合（图5-4-4）。

（8）缝合完成后，用温生理盐水冲洗子宫。将子宫还纳回腹腔内。如果手术过程中污染腹腔，则需用温的灭菌生理盐水冲洗腹腔。

（9）依次缝合腹膜、腹中线、皮下组织和皮肤，闭合腹腔。

手术注意事项

（1）手术过程中不要损伤乳腺。

（2）犬、猫在怀孕时，腹中线较细薄，切开时须小心，不要伤及腹腔内脏器。

（3）在切开子宫壁时须小心，避免伤及胎儿。

（4）在切开子宫前要用浸有生理盐水的灭菌大纱布隔离子宫和腹壁切口，以免在手术过程中污染腹腔。

（5）术中取完胎儿后，检查两子宫角是否还有遗留的胎儿，这很重要。

（6）一旦子宫排空，马上使用宫缩药物，促使子宫复原。

术后护理

（1）术后应及时把幼崽放在母犬、母猫身边哺乳。

（2）如有幼崽需要哺乳，应注意不要污染腹壁手术切口。

（3）术后全身应用抗生素3～5d，控制感染。

（4）应保持动物安静、保证营养。

（5）术后7～10d拆除皮肤缝线。

五　乳腺肿瘤切除术

乳腺肿瘤在母犬较多见，纯种犬发病率较高，中老年犬易发，多是几个乳腺区同时发病。肿瘤质地坚硬，形态大小不同，临床所见病例肿瘤多有清晰的界限，且有游离性（图5-5-1）。在肿瘤较大时，可能会因为擦碰导致肿瘤部位的皮肤破损。

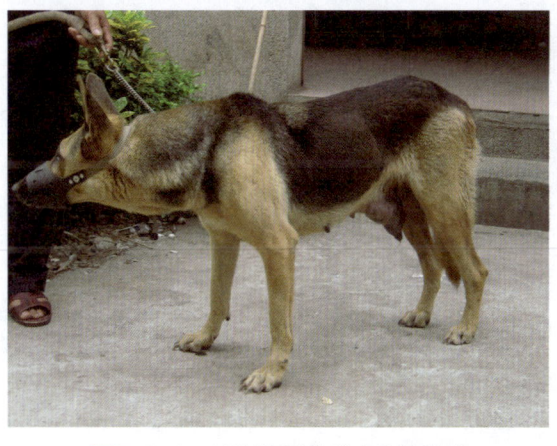

图5-5-1　10岁德国牧羊犬乳腺肿瘤

母犬通常有5对乳腺，乳腺肿瘤的发病主要发生在第4和第5对乳腺区。前3个乳腺的淋巴管互相吻合，主要由腋淋巴结收集其中的淋巴液。第4、第5乳腺的淋巴管吻合后汇集于腹股沟浅淋巴结。肿瘤细胞常经淋巴管转移到淋巴结或邻近的乳腺。原发在第1、第2乳腺的肿瘤可经淋巴转移到腋淋巴结和胸骨旁淋巴结，第4、第5乳腺瘤可转移到腹股沟淋巴结。但同侧乳腺间或两侧乳腺间会出现淋巴的交汇。有时少数病例可见到第3乳腺肿瘤转移到腹股沟淋巴结（图5-5-2）。

乳腺肿瘤的确切病因目前还不清楚，可能与激素有关。在犬、猫第一个发情期之前切除卵巢，可以大大降低乳腺肿瘤发病率。

手术切除是治疗乳腺肿瘤的主要方法。对尚未发生转移的肿瘤，手术切除的治疗效果可靠。

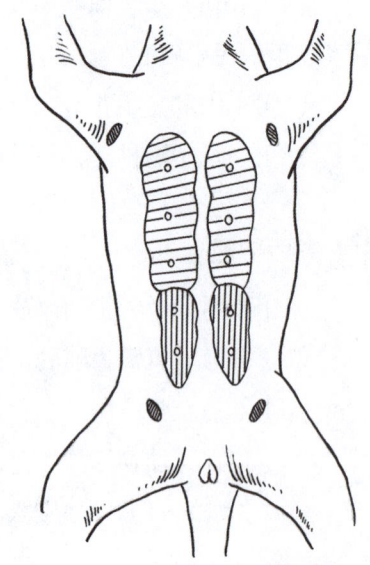

图5-5-2 母犬前3对乳腺淋巴经由腋淋巴结，后2对乳腺淋巴经由腹股沟淋巴结

📋 手术适应证

临床患良性乳腺肿瘤的犬、猫，进行手术切除是有效的治疗方法。

📋 手术步骤

（1）在发病的乳腺周围，在距肿瘤约1cm处的皮肤作一椭圆形（或梭形）皮肤切口。逐层切开皮肤、皮下组织，直到筋膜。避免切到乳腺组织（图5-5-3）。

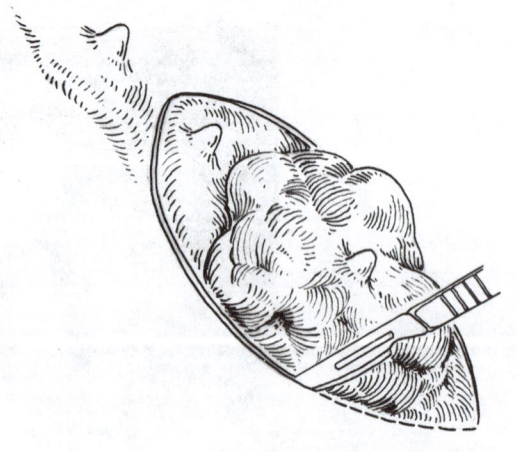

图5-5-3 在肿瘤周围作椭圆形（或梭形）皮肤切口

（2）钝性分离乳腺和筋膜。如果肿瘤已经侵蚀到腹壁肌和筋膜，要仔细连同肌肉和筋膜一起切除（图5-5-4）。

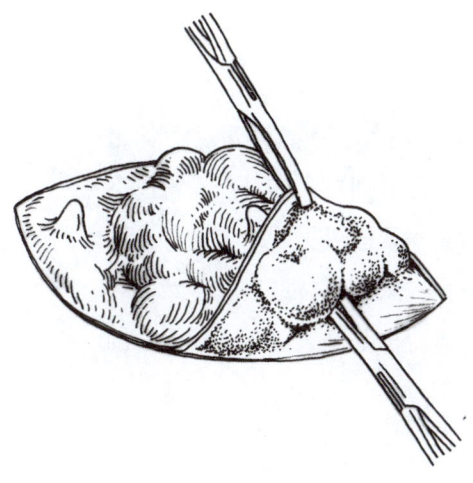

图5-5-4 钝性分离肿瘤和筋膜

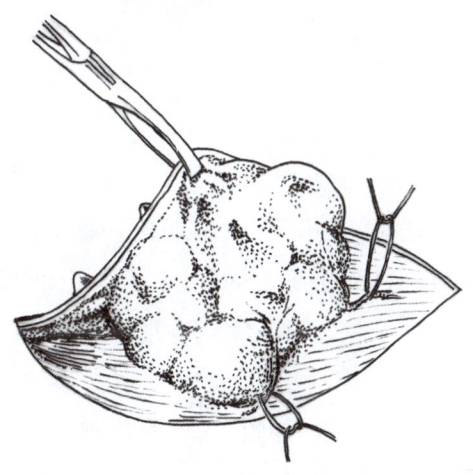

图5-5-5 结扎、切断遇到的大的关联血管

（3）在分离过程中，结扎、切断遇到的大的关联血管，继续进行深层的分离（图5-5-5）。

（4）用组织钳夹持被分离的肿瘤组织和皮肤，向上提起，以便于分离深层组织，使之游离。最后用剪刀在两乳腺区分界处分离并剪断连接肿瘤的皮肤等组织（图5-5-6）。

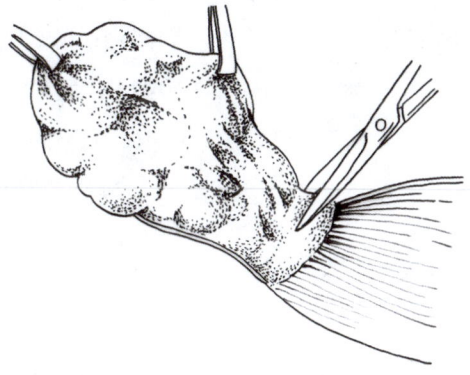

图5-5-6 完全分离肿瘤，在两乳腺区分界处剪断皮肤等组织

（5）切除肿瘤后，如果皮肤缺损较大，可以先将皮下组织及筋膜进行结节缝合，以使皮肤创缘拉近靠拢，然后再进行皮肤结节缝合，以闭合创口（图5-5-7）。

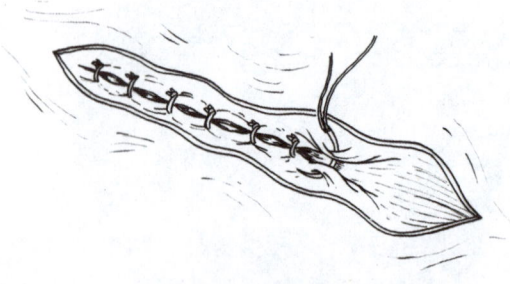

图5-5-7　结节缝合皮下组织及筋膜，使皮肤创缘拉近靠拢，然后闭合皮肤创口

手术注意事项

（1）乳腺肿瘤切除手术定位应取决于动物患病部位和淋巴回流方向。如果单个乳腺发生肿瘤，可以只切除患病的一个乳腺区；当有几个乳腺发病时，要切除同一淋巴流向的乳腺区甚或切除同侧的5个乳腺区；如果两侧乳腺均发病，则需要切除所有乳腺区。

（2）对于单个、几个同侧乳腺肿瘤的切除，应在乳腺周围作椭圆形（或梭形）皮肤切口。切口内侧缘应在腹中线，外侧缘应在乳腺组织的外侧。双侧乳腺都有肿瘤发生而需要切除时，如果同时切除，皮肤缺损过大，比较难缝合、修补，在此种情况下可考虑分期手术切除。

（3）手术切除肿瘤组织，一定要清除干净，不可有肿瘤组织残留。第1乳腺肿瘤切除时，应将腋淋巴结一同摘除；第5乳腺肿瘤切除时，应将腹股沟淋巴结一同摘除。以上操作是为了预防肿瘤细胞经淋巴管转移到淋巴结，引起动物在术后肿瘤的复发。

（4）对创口处皮下组织、筋膜的缝合不仅可使皮肤创缘靠拢，还可以闭合乳腺缺失后形成的创腔。因此，这一操作是重要的。

术后护理

（1）术后创部要用腹绷带加压包扎，防止渗出或皮肤缝线开裂。要保持局部清洁、干燥，2~3d对创口进行1次消毒处理，并更换敷料。

（2）术后3~5d使用抗生素控制感染。

（3）术后患犬保持安静，不可做剧烈活动，防止创口裂开或发生腹壁疝。饲养环境要清洁、干燥，避免粪便、污水沾染术部。

（4）术后7～10d拆除皮肤缝线。

六　阴道肿瘤切除术

阴道肿瘤母犬多发，母猫少见，最常见的外部临床症状是会阴部鼓起。肿瘤可发生在阴唇或阴道前庭内，有时可以看到柔软易碎、粉红色的团块状肿瘤体脱出于阴门外，肿瘤表面常有溃疡发生并伴有感染（图5-6-1、图5-6-3、图5-6-4）。患犬表现少尿、尿频甚至无尿，外阴常有血性或脓性阴道分泌物（图5-6-2）流出、黏染。有些肿瘤弥漫性生长在阴道和前庭黏膜表面，有的则有明显的根蒂附着于阴道或前庭黏膜上。

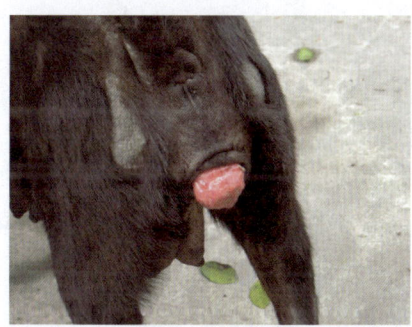

图5-6-1　5岁家犬阴道肿瘤脱出于阴门外

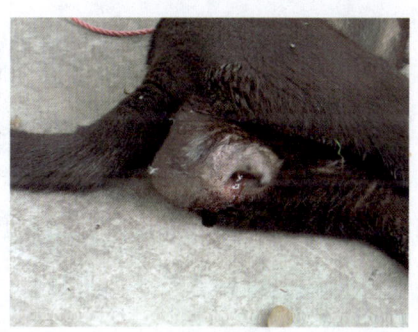

图5-6-2　患阴道肿瘤家犬有带血的分泌物

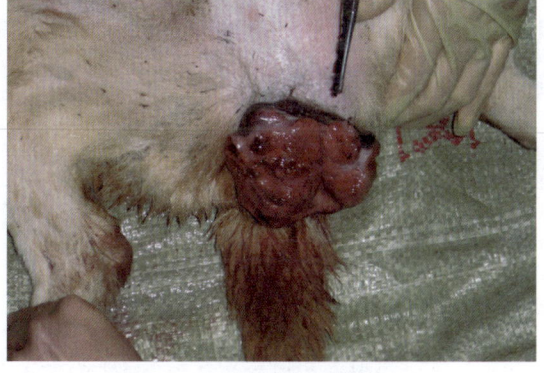

图5-6-3　阴道肿瘤表面破溃

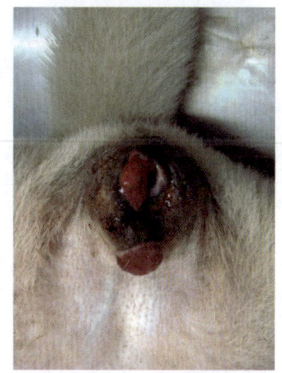

图5-6-4　患犬阴道/阴唇肿瘤

近年来研究证实，犬的阴道和阴茎肿瘤多为可传播性的性肿瘤（canine transmissible venereal tumors, CTVT），是通过性接触而传播的。犬只在交配时肿瘤细胞由于性器官接触，从一个动物体转移到另一个动物体，而不是传染。有的患犬不需要治疗，肿瘤可自行消退；有的患犬，肿瘤会转移到其他器官。因此，肿瘤有弥散性侵袭的特征。

手术适应证

发生阴道肿瘤的患犬，施行手术切除肿瘤是临床常用的治疗方法之一。

手术步骤

（1）动物行全身麻醉，用0.1%新洁尔灭溶液清洗阴道及外阴。

（2）对有明显根蒂的阴道肿瘤，可以用组织钳将瘤体牵拉出阴道外，显露根蒂。用止血钳钳夹肿瘤的根蒂，钳夹部尽量靠近阴道黏膜。在钳夹部近心端用缝线结扎肿瘤根蒂（图5-6-5）。然后在钳夹部远心端剪断肿瘤根蒂去除瘤体，留置止血钳3～5min后去掉。

（3）肿瘤呈弥散型生长在阴道壁或阴唇上时，用组织钳夹持并向外牵拉阴道壁，以充分显露肿瘤。如果无法显露肿瘤，可以施行外阴切开术，然后用组织钳夹持阴道黏膜，用手术剪仔细分离肿瘤组织，在分离至尿道附近时，要对尿道进行提前处理。用微细组织镊子夹持尿道黏膜向外牵拉提起，避免肿瘤组织退缩回尿道内，同时将周围的肿瘤组织分离切除（图5-6-6）。

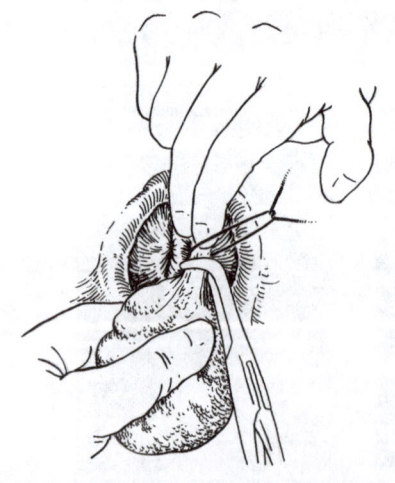

图5-6-5　用止血钳夹住肿瘤的根蒂

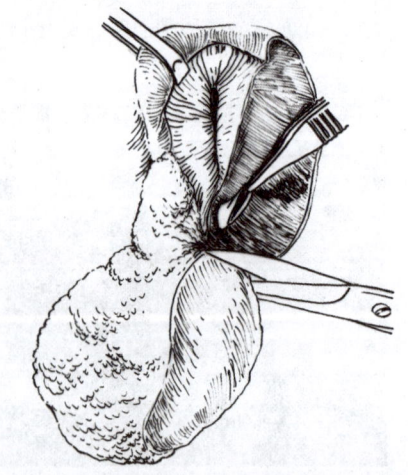

图5-6-6　用手术剪分离肿瘤与周围健康组织

(4)向外牵拉阴道黏膜,先作3针结节缝合把阴道黏膜均匀固定在阴唇切口创缘,固定缝合时注意阴道黏膜不要出现轴向旋转扭曲。尿道口上端黏膜与阴道黏膜行1针结节缝合固定在阴道黏膜上(图5-6-7)。

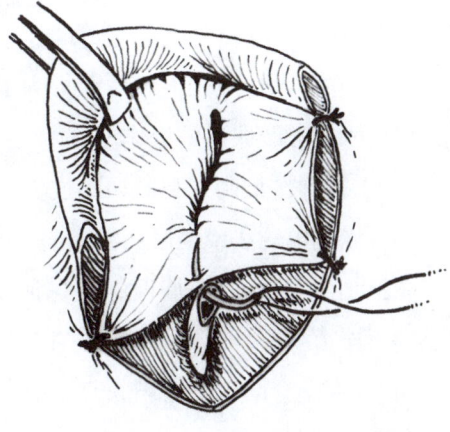

图5-6-7 固定阴道黏膜和尿道黏膜

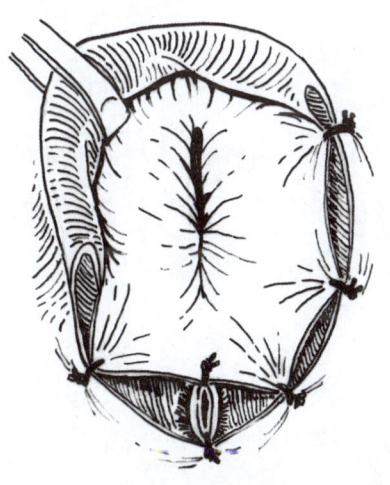

图5-6-8 在尿道口下作1针结节缝合以固定尿道黏膜

(5)尿道口最下端的黏膜作1针结节缝合固定在阴唇切口创缘,同样注意不要使尿道黏膜出现轴向旋转扭曲(图5-6-8)。

(6)结节缝合尿道黏膜和阴道黏膜,保证尿道口畅通。结节缝合阴道黏膜和阴唇切口创缘(图5-6-9)。

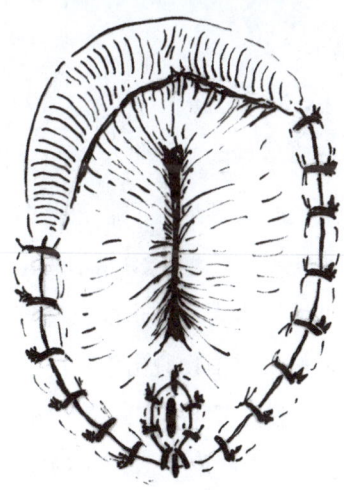

图5-6-9 结节缝合尿道黏膜和阴道黏膜

手术注意事项

（1）在手术切除阴道肿瘤前，一定要仔细探查尿道口，通过插入导尿管以标示尿道，以利术中涉及尿道的操作。

（2）在弥散型阴道肿瘤切除过程中，要尽量彻底切除肿瘤组织。如果有小丘疹样结节，可以用电灼法或烧烙法清除。

（3）在缝合尿道黏膜时，要保证尿道口畅通，术后留置导尿管3~5d，以防止排尿不畅、尿道狭窄、尿道闭塞等发生。

（4）在缝合固定阴道黏膜与尿道黏膜时，不可出现轴向的旋转扭曲，这种情况会造成黏膜皱褶和狭窄。

术后护理

（1）术后留置导尿管3~5d，甚至更长时间。留置的导尿管要防止扭曲、阻塞、断裂或被犬啃咬拔出，保障排尿通畅。

（2）在犬排便后要经常清洗外阴并用0.1%新洁尔灭溶液或碘伏进行消毒。

（3）防止动物舔咬术部，犬佩戴口笼或伊丽莎白项圈。

（4）阴道填塞浸有抗生素油膏的阴道塞，每日更换1次。

七 阴道增生切除术

阴道增生和脱出多发生于母犬的发情期，主要原因是阴道黏膜水肿增厚。在发病早期，患犬会频频地舔阴唇，此时犬虽已发情，但却无法进行交配。同时可发现有鸡蛋大小、淡粉红色增生物偶尔脱出于阴门外，时而又能自行回复到阴道内。开张阴门检查，可见增生物为阴道底壁隆突形成，位于尿道口前方，质地硬、有弹性。随着发病时间延长，增生物脱出于阴门外，表面有数条纵行皱褶（图5-7-1）。由于长时间摩擦，增生物表面可能会有破溃（图5-7-2）。个别患犬由于阴道增生物反复脱出阴道外，最终会引起阴道脱出（图5-7-3）。由于增生物的压迫和刺激作用，患犬会出现尿频和持续的努责动作。

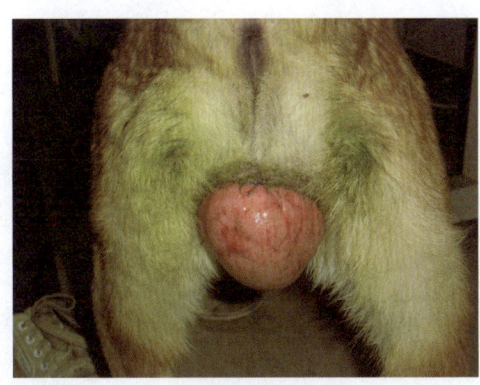
图5-7-1　患犬阴道增生物脱出于阴门外，表面有皱褶

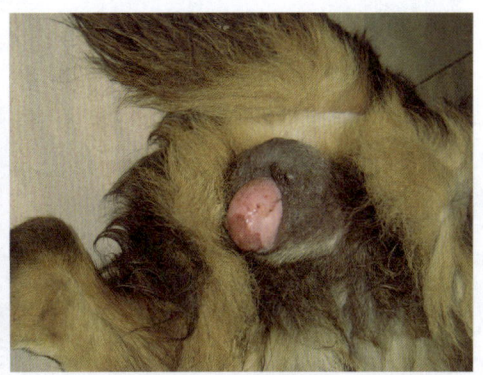
图5-7-2　患犬阴道增生物脱出于阴门外，表面有破溃

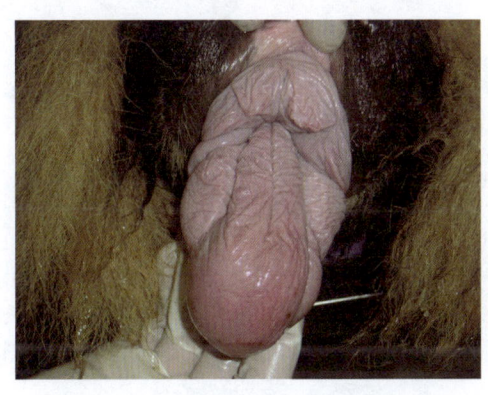
图5-7-3　患犬阴道增生物引起阴道脱出

本病的发生与雌性激素分泌突然剧增有关，主要是因为在发情前期和发情期雌性激素分泌剧增，导致阴道底部黏膜褶水肿、增生过度。多数患犬在发情期时，阴道增生会引起明显临床症状。少数患犬随着发情期过去，增生会逐渐萎缩乃至消失。个别犬在分娩时，还会发现在阴道底壁、尿道口前方留有消退的增生痕迹。

手术适应证

发生阴道增生、有明显临床症状的患犬，施行手术切除增生部分是临床常用的治疗方法之一。

手术步骤

（1）动物行全身麻醉，用0.1%新洁尔灭溶液冲洗阴道、生殖道前庭和增生物。

（2）术前先行插入导尿管，在手术过程中作为标示作用。

（3）用组织钳夹持增生物周围阴道黏膜，并向外牵拉，充分显露增生物。在增生物基部自前向后切开阴道黏膜（图5-7-4）。

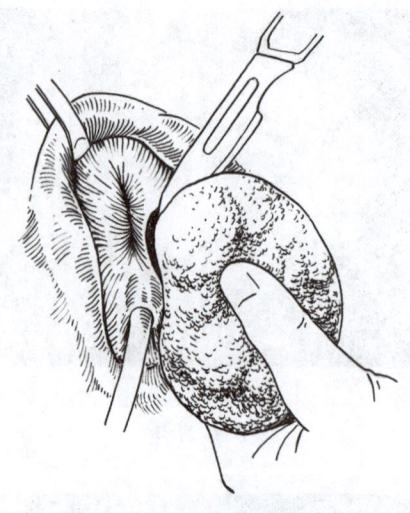

图5-7-4　切开增生物周围阴道黏膜

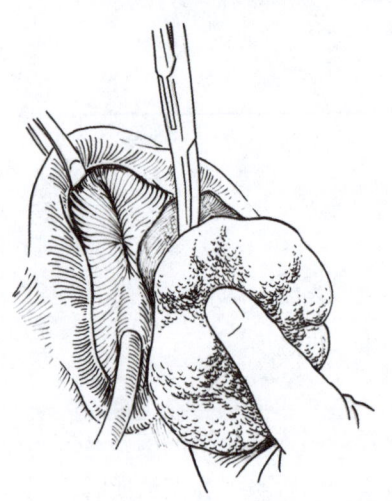

图5-7-5　分离阴道黏膜下组织

（4）仔细分离阴道黏膜下组织，将增生物切除。手术过程中注意不要损伤尿道（图5-7-5）。

（5）用可吸收缝线连续螺旋缝合阴道壁切口，闭合阴道壁创面（图5-7-6）。

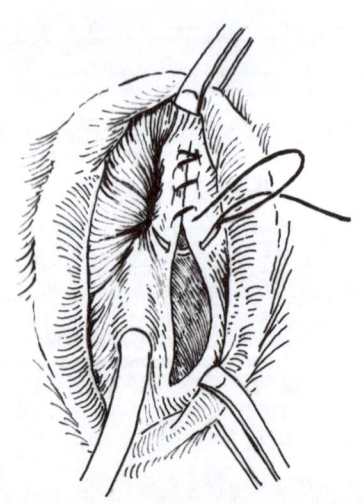

图5-7-6　连续螺旋缝合阴道壁切口

手术注意事项

（1）术前要先进行尿道插管，以防在切除阴道增生物时损伤尿道。

（2）由于阴道增生物可引起阴道脱出，可以先切除增生物，然后再整复脱出的阴道。

（3）对于有阴道增生病史的母犬，可建议主人对犬施行子宫卵巢切除术，以根治本病。

术后护理

（1）术后5~7d，用洗必泰或0.1%新洁尔灭溶液等冲洗阴道。

（2）动物如会舔外阴，可佩戴伊丽莎白项圈。

第六章 疝修补术

一 脐疝修补术

脐疝是腹腔脏器经脐孔脱至皮下,在脐部形成柔软的局限性隆起,主要由脐孔发育不良、闭合不全导致。犬、猫脐疝多与遗传有关。在分娩过程中不正常的断脐或出生后脐带感染也会导致脐孔不能正常闭合而发病。犬、猫的先天性脐疝多会在半岁后逐渐痊愈。

手术适应证

犬、猫发生较大脐疝或嵌闭性脐疝时,需要及时进行手术修补治疗。

手术步骤

(1)动物行全身麻醉,仰卧保定。脐部周围进行常规剃毛、消毒,铺设手术创巾。

(2)疝囊周围皮肤作棱形切口(图6-1-1)。

图6-1-1 疝囊周围皮肤作棱形切口

(3)沿切口浅筋膜钝性分离,直达疝孔(脐孔周围)(图6-1-2)。

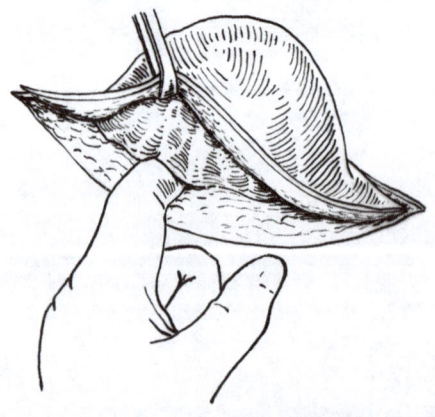

图6-1-2 钝性分离疝囊周围组织

（4）经钝性分离疝囊周围组织后，露出疝孔（脐孔）和脱出的腹膜形成的疝囊，疝囊的皮肤也被游离。在疝囊基部切开，检查疝囊内的内脏有无粘连（图6-1-3）。

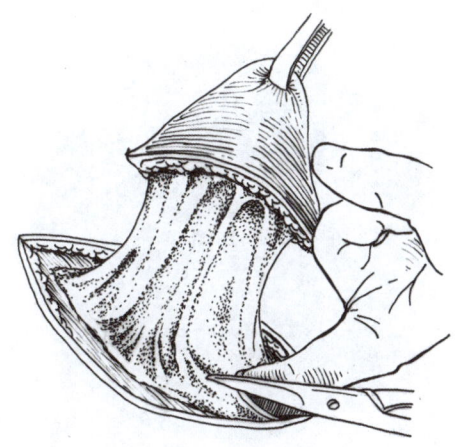

图6-1-3 在疝囊基部切开，检查疝囊内的内脏有无粘连

图6-1-4 在疝囊基部水平的位置上剪除脱出的腹膜，然后连续缝合腹膜

（5）将疝内容物还纳回腹腔内，在疝囊基部水平的位置上剪除脱出的腹膜，然后连续缝合腹膜（图6-1-4）。

（6）对脐孔疝轮形成的纤维瘢痕环用手术剪切除，使脐孔形成新鲜创缘（图6-1-5）。

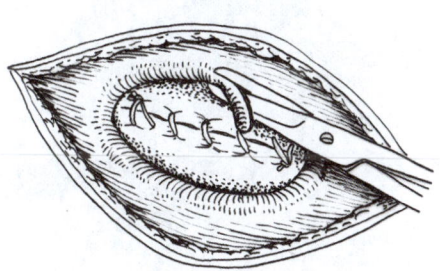

图6-1-5 切除纤维瘢痕环，使脐孔形成新鲜创缘

（7）为使疝轮闭合后更加牢固，可采用水平纽扣缝合，将疝轮两侧缘重叠缝合（图6-1-6）。

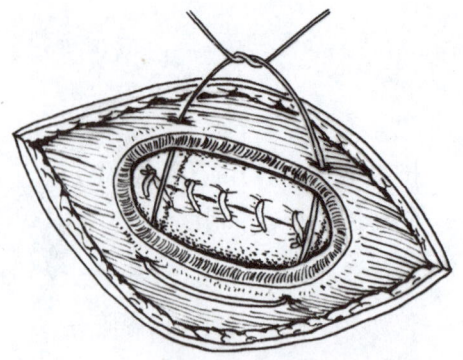

图6-1-6　采用水平纽扣缝合，将疝轮两侧缘重叠缝合

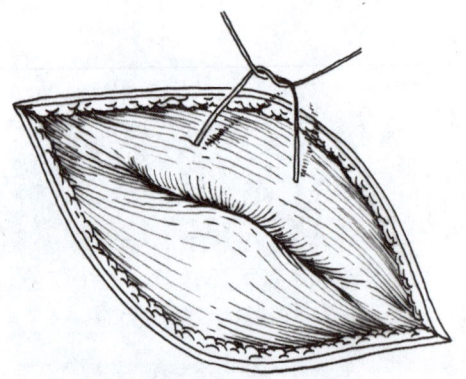

图6-1-7　缝线拉紧后，两侧创缘上下重叠

（8）水平纽扣缝线拉紧后，两侧创缘上下重叠，缝线打结（图6-1-7）。

（9）最后将上层创缘与下层腹壁肌进行结节缝合（图6-1-8）。皮肤结节缝合。

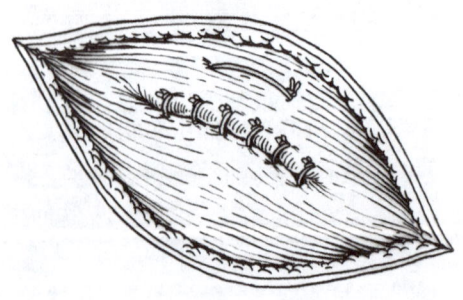

图6-1-8　结节缝合上层创缘与下层腹壁肌

手术注意事项

（1）显露腹膜形成的疝囊后，慎重判明疝内容物是否与疝囊有粘连，在顺利还纳疝内容物后才能切除脱出的腹膜。

（2）闭合疝孔必须将腹膜缝合。

术后护理

（1）术后饲养环境要保持清洁、干燥。

（2）术后使用抗生素控制感染。

（3）术后7～10d拆除皮肤缝线。

二 膈疝修补术

凡因膈肌缺损或破裂，部分腹腔脏器穿过膈肌缺损或破裂孔进入胸腔者，称为膈疝（图6-2-1）。犬、猫的膈疝多为外伤性膈疝，是因暴力传导于膈肌，或因胸腔或腹腔突然受到剧烈震荡，使前后方压力高度不平衡，致膈肌破裂而发生。犬多发生，可因饱食后由高处跳下、暴力冲撞等情况引发。

外伤性膈疝发生后，动物迅速出现呼吸困难、黏膜发绀、烦躁不安、不愿趴着、喜采取前高后低位站立并伴有腹痛等症状。叩诊胸廓，出现大面积浊音区；X线检查可见胸腔内有大片类似肠管等腹腔脏器的阴影。如不及时治疗，动物在短时间内会因呼吸障碍、窒息、腹腔脏器嵌顿、内脏出血等而导致死亡。

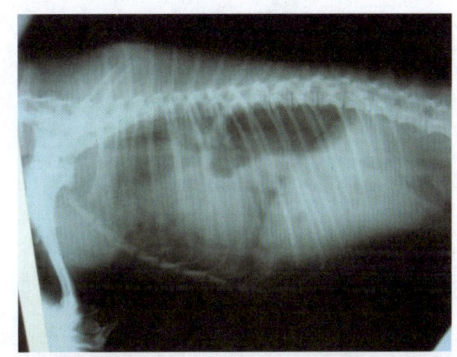
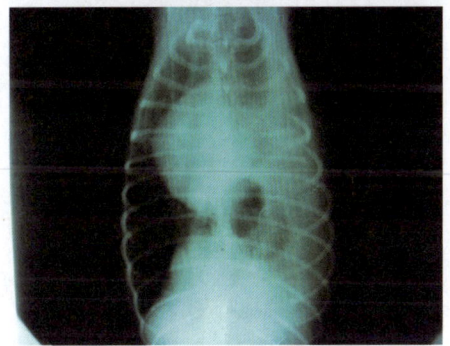

图6-2-1 2岁贵宾犬膈疝
（正位、侧位X线片）

手术适应证

经确诊的膈疝，应尽快施行手术。

手术步骤

（1）动物行全身麻醉，仰卧保定，手术切口自剑状软骨后延至脐部（图6-2-2），配合气管插管进行呼吸管理。

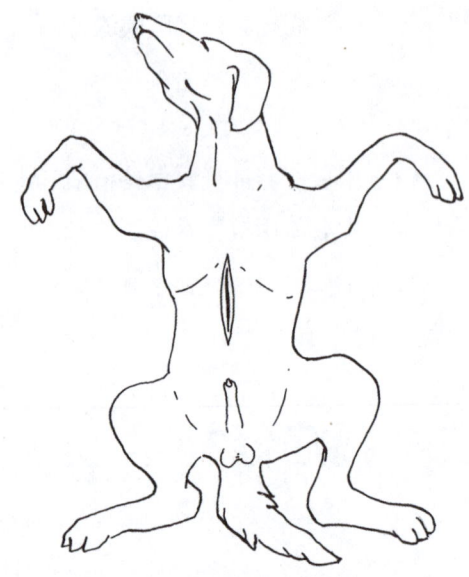

图6-2-2　切口定位

（2）在腹中线或中线旁切开腹腔，将腹腔脏器向后推压以显露膈肌及破裂口。在找到膈肌破裂口后，判明进入胸腔的腹腔脏器及其状态，尽快地将其从胸腔内移除，以解除其对肺的挤压造成肺塌陷而导致的呼吸障碍（图6-2-3）。

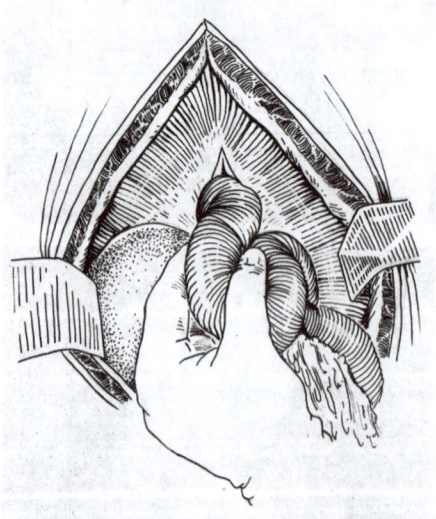

图6-2-3　显露膈肌及破裂口，将经破裂口进入胸腔的腹腔脏器移除

(3)用组织钳将膈肌破裂口两缘夹持，使破裂口并拢固定（图6-2-4）。

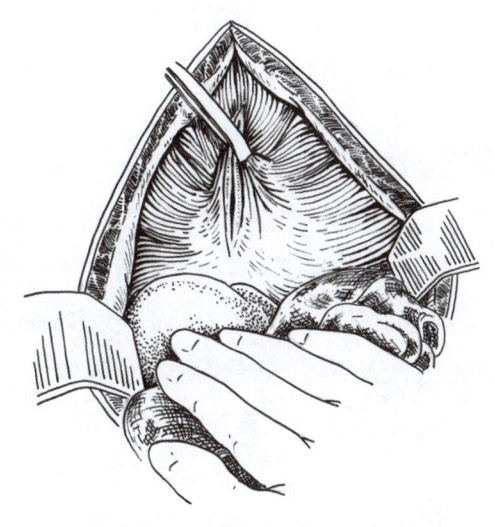

图6-2-4　夹持破裂口使其并拢固定

(4)破裂口用丝线进行修补缝合。缝合可采用结节缝合、连续缝合，对于破裂口较大并有一定张力的，可采用水平纽扣缝合（图6-2-5）。缝合至最后一针，将要闭合胸腔时，在进行呼吸管理的情况下要使塌陷的肺完全鼓胀后再将缝线拉紧打结。在紧急情况下手术，没有进行呼吸管理时，在关闭胸腔后要尽量将进入胸腔内的空气抽出，以解除部分外科气胸状态。

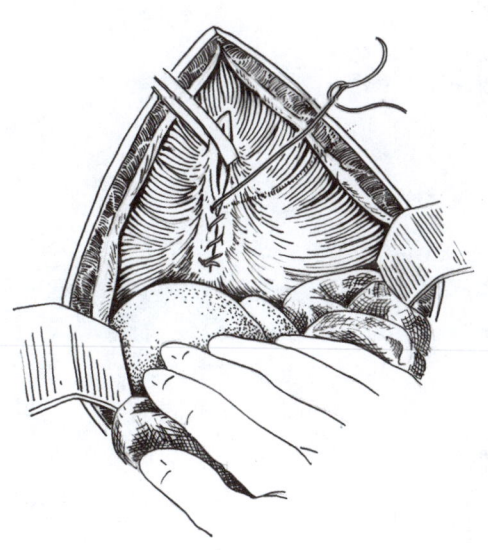

图6-2-5　缝合膈肌破裂口

（5）在膈肌破裂口闭合完毕后，重新检查曾经膈肌破裂口进入胸腔的腹腔脏器，检查是否有损伤或形态异常，并根据情况进行妥当处理。最后关闭腹部切口。

📋 手术注意事项

（1）虽然是腹部切口，但是膈肌的破损使手术过程处于胸腔部分开放的状态，所以术中进行气管插管、呼吸管理可使风险大大降低。

（2）膈肌破裂形成的膈疝，大多数都可通过腹底前部切口手术通路解决。但是膈肌的破裂波及纵隔，可能需要打开胸腔。

（3）在膈肌破损修补完成的最后一步，要最大程度地解除外科气胸状态。

（4）进入胸腔的腹腔脏器，在修补完膈肌后要妥善处理。如有因嵌闭而发生坏死的，则需在移出胸腔后马上进行处理。

📋 术后护理

（1）术后使用抗生素控制感染。

（2）术后要在清洁、干燥环境中喂养。

（3）创口愈合前避免剧烈运动。术后的最初时期应避免动物激动、吠叫。

（4）术后不宜饲食太饱，可分多次喂食，每次少食，避免腹部压力对膈肌的影响。

三 腹壁疝修补术

 **外伤性腹壁疝修补术**

外伤性腹壁疝是由外伤导致腹壁肌及其筋膜的破裂，腹腔脏器经此破裂孔脱出于皮下，形成局部鼓胀隆起（图6-3-1）。最常见的因素是杆、桩等物件钝性戳撞腹壁，有时也可由于腹内压过大、意外造成，如妊娠后期母犬的腹直肌断裂造成"子宫疝"。

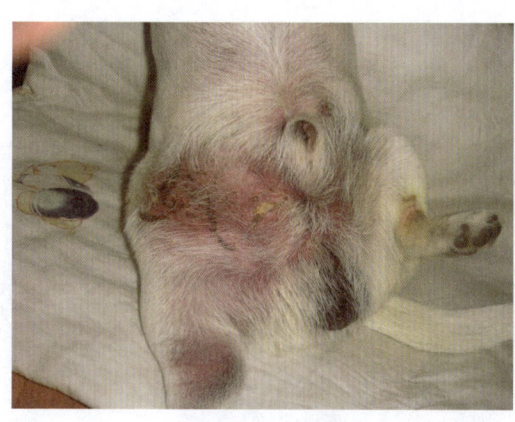
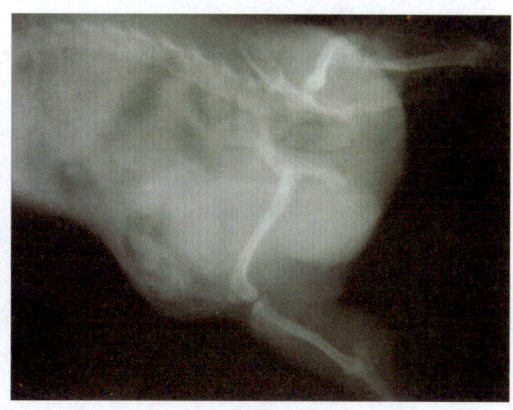

图6-3-1　吉娃娃犬外伤性腹壁疝（肠管脱出）

腹壁疝由疝轮（腹壁破裂孔）、疝内容物（脱出的腹腔内脏）、疝囊（皮肤及少量肌纤维和结缔组织与腹膜）构成。

腹壁疝又可分为：

（1）可复性。疝内容物与疝囊内壁无粘连，可随动物体位改变或外力推挤还纳回腹腔内。

（2）粘连性。疝内容物与疝囊内壁发生粘连，内容物多为体积较大的如胃、肝、结肠等脏器。

（3）嵌闭性。由于腹内压偶然增大，疝轮扩张，较多的腹腔脏器或肠内容物进入疝囊内，使得疝轮相对变紧，致使疝内容物被疝轮嵌闭而不能还纳回腹腔，严重的可发生血循障碍、坏死，产生严重后果，是腹壁疝中情况危急的一种。

手术适应证

新发或陈旧性的可复性疝，有继续增大趋势的，并有修复可能的；粘连性疝出现相关症状需要解决的；嵌闭性疝经临床确诊的，均可施行此手术。

1. 新发腹壁疝

手术步骤

（1）动物行全身麻醉，仰卧或侧卧保定，局部常规剃毛、消毒，铺设手术隔离巾。

（2）为不伤及疝内容物，疝囊皮肤均采取皱襞式切开（图6-3-2）。

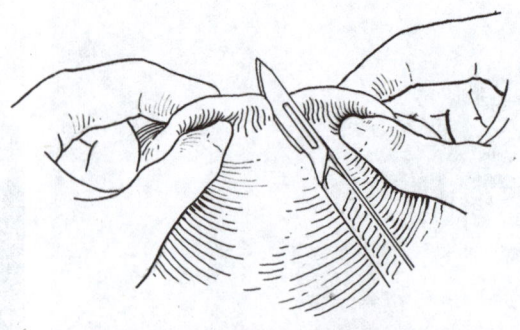

图6-3-2　皱襞式切开疝囊皮肤

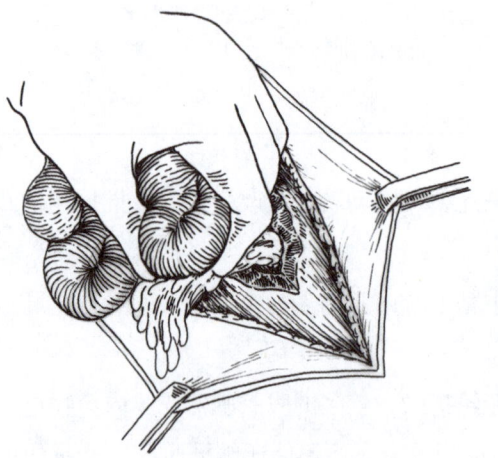

图6-3-3　将脱出的内脏从腹肌破裂孔还纳回腹腔内

（3）充分显露脱出的内脏，找到腹肌破裂孔，将内脏从腹肌破裂孔处还纳回腹腔内（图6-3-3）。但有的腹肌之间破裂后可能形成夹层，可能有内脏（如大网膜）夹在其间，要注意检查处理。

（4）在缝合腹膜后，对腹肌破裂孔进行修剪，并对断裂的腹壁血管进行结扎处理，然后用间断水平纽扣缝合法闭合腹肌破裂孔（图6-3-4）。

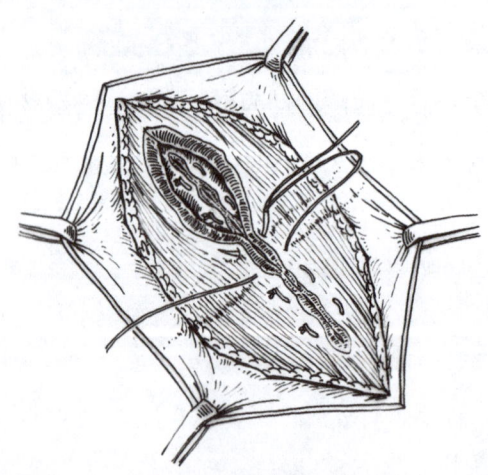

图6-3-4　闭合腹肌破裂孔

（5）有时腹肌破裂孔较大，缝合时两缘距离较远，张力较大。为解决此类问题可将皮肤与腹肌用间断水平纽扣缝合法进行一层缝合（图6-3-5）。这样可以利用皮肤的韧性减张，防止腹肌破裂孔再次裂开。

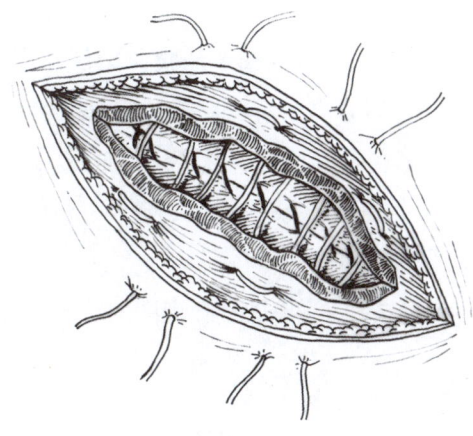

图6-3-5 皮肤与腹肌用间断水平纽扣缝合法进行一层缝合

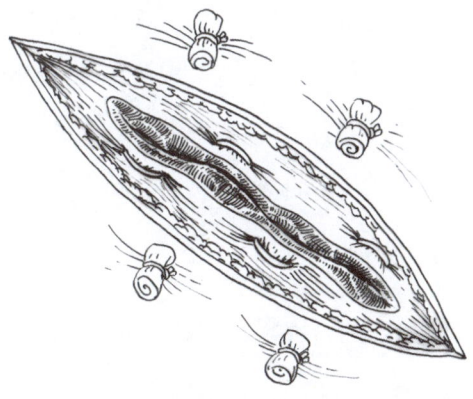

图6-3-6 闭合腹肌破裂孔，线尾衬以纱布卷或胶管打结

（6）在皮外拉紧缝线使腹肌破裂孔合拢，线尾衬以纱布卷或胶管打结使之减张（图6-3-6）。

（7）皮肤切口与腹肌破裂孔两创缘作结节缝合（图6-3-7）。

图6-3-7 皮肤切口与腹肌破裂孔两创缘作结节缝合

手术注意事项

（1）新发的腹壁疝腹肌破裂孔形状不规则，有时甚至不止一个破裂孔，各肌层之间也易分离，情况复杂。所以在切开皮肤后要仔细检查清楚，以求完整修复腹壁破裂，避免在术后再次形成新的疝囊。

（2）对破裂的腹膜一定要进行缝合修补，以保证腹膜腔的完整性，也可保证不会形成新的腹壁疝。

（3）对腹肌破裂孔周围的出血，要进行彻底止血处理。

术后护理

（1）装置腹绷带加压包扎术部。在皮肤缝线拆除后仍需包扎10d左右。

（2）日常饲喂不可过饱，避免腹压增高。

（3）术后关于笼内喂养，限制活动，避免剧烈运动。

（4）酌情使用抗生素控制术后可能发生的感染。

（5）术后7~10d拆除皮肤缝线。

2. 陈旧性腹壁疝

陈旧性腹壁疝有多种情况和类型，在切开前要仔细检查判断，对术中可能出现的情况要有充分的准备。

手术步骤

（1）动物行全身麻醉，仰卧或侧卧保定，局部常规剃毛、消毒，铺设手术隔离巾。

（2）皮肤切开后，沿皮肤切口钝性分离皮肤与疝囊之间的结缔组织，充分显露疝囊（图6-3-8）。

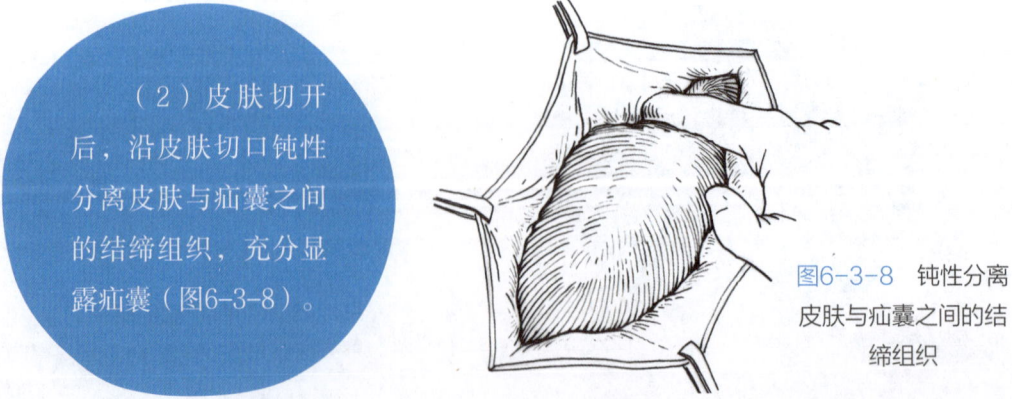

图6-3-8 钝性分离皮肤与疝囊之间的结缔组织

（3）在确认疝囊壁下无粘连时，皱襞式切开疝囊壁（图6-3-9）。切开时先切开一小口，尽量边切边观察组织结构、性状，避免误切疝囊内的脏器组织。

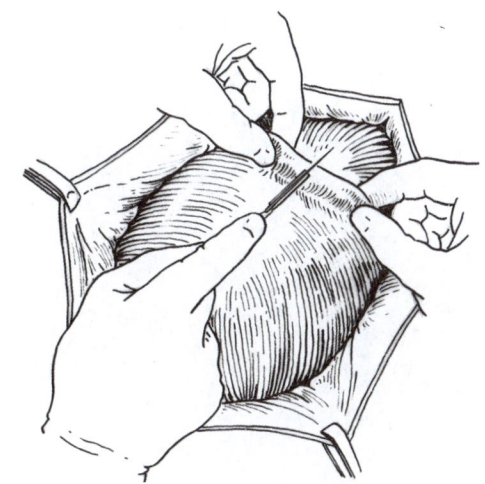

图6-3-9　切开疝囊壁

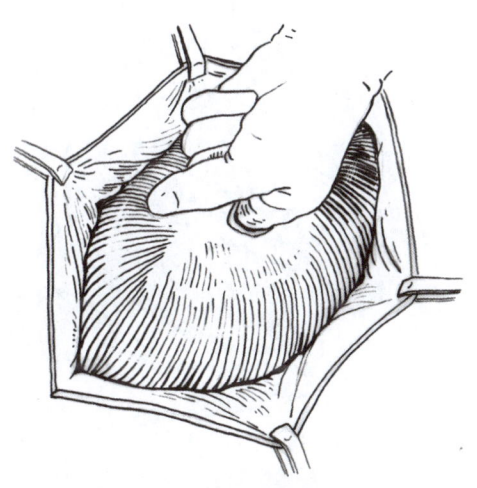

图6-3-10　把手指伸入小切口，探查囊内有无粘连等情况

（4）把手指伸入小切口，探查囊内有无粘连等情况（图6-3-10），并剥离囊壁与疝内容物之间的粘连，导引手术剪逐步剪开囊壁。

（5）剪开疝囊后，显露疝内容物与已增生肥厚的疝轮，将未有粘连或经剥离仅有轻微粘连的疝内容物，通过疝轮还纳回腹腔内（图6-3-11）。

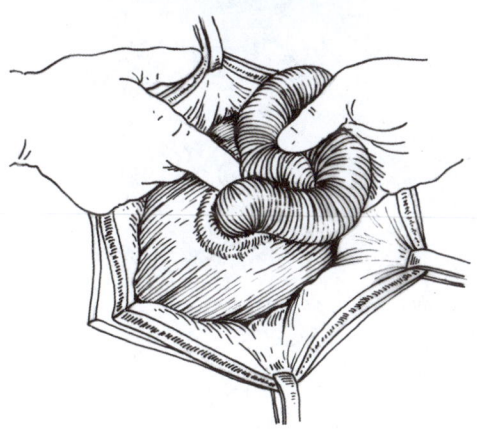

图6-3-11　将疝内容物通过疝轮还纳回腹腔内

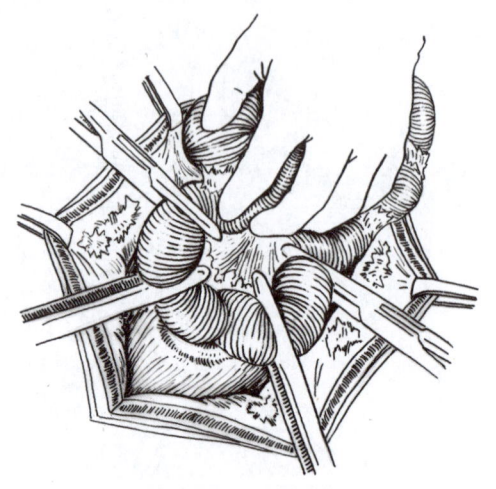

图6-3-12 对大面积广泛性粘连或坏死的肠管，施行肠部分切除术

（6）对于大面积广泛性严重粘连的肠管，分离十分困难，或有肠管坏死的情况下要施行肠部分切除术（图6-3-12）。

（7）将纤维瘢痕化的疝轮作间断外翻水平纽扣缝合（图6-3-13），使疝轮缘外翻。

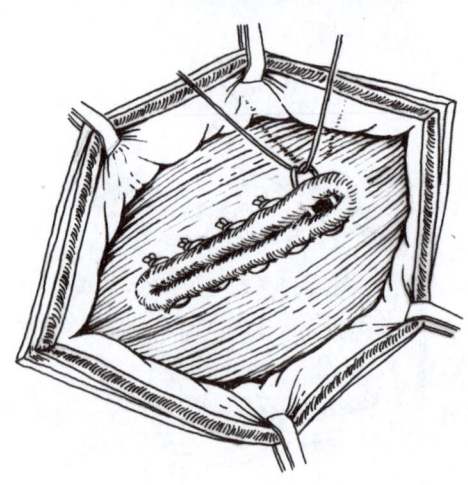

图6-3-13 疝轮作间断外翻水平纽扣缝合

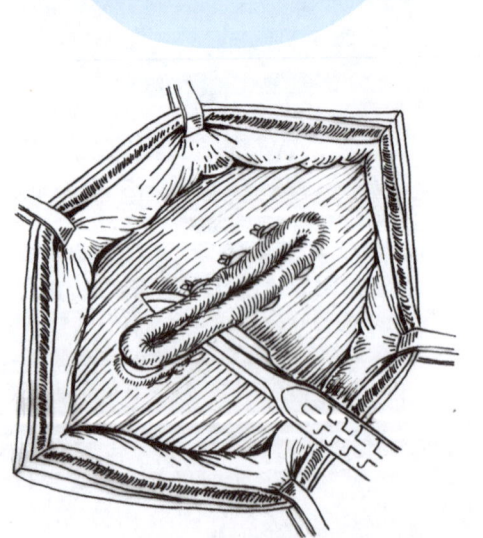

图6-3-14 切除轮缘增生的瘢痕组织，形成新鲜创面

（8）在疝轮外翻缝合的基础上切除轮缘增生的瘢痕组织（图6-3-14），使轮缘形成新鲜创面。

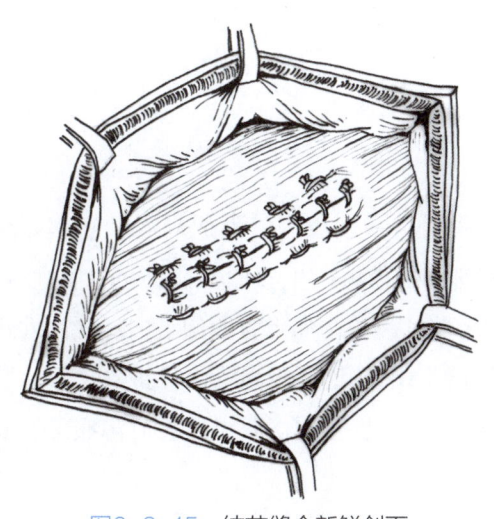

图6-3-15 结节缝合新鲜创面

（9）结节缝合轮缘的新鲜创面（图6-3-15）。

（10）修剪掉疝囊壁和皮肤松弛、多余的部分，作结节缝合。

手术注意事项

（1）粘连性疝在疝囊打开时，要在手指探查指引下进行，在切开的过程中，手指要探明无粘连处。对于切开经路上所遇的粘连处，可用手术剪紧贴囊壁侧锐性分离粘连组织。分离时使粘连组织紧张，以便于分离。

（2）分离粘连时要防止肠管破裂。一旦肠管发生破裂，马上钳夹破裂处，防止肠内容物外溢污染，并马上缝合。

（3）部分粘连的肠管经剥离后在还纳回腹腔前，需在肠管表面涂布灭菌石蜡油，防止其还纳回腹腔后与其他脏器发生粘连。

（4）瘢痕化的疝轮缘需经切削形成新鲜创面再进行缝合，否则很难愈合。这是闭合疝轮成败的关键。

术后护理

（1）术后使用抗生素控制感染。

（2）装置腹绷带对手术部位进行保护。

（3）术后保持安静的饲养环境，防止剧烈活动。

（4）术后初期，饲喂注意不可过饱，以免增加腹部压力。

四　腹股沟疝修补术

腹股沟疝是指腹腔脏器自腹股沟管内环脱出，在腹股沟处形成局限性隆起。母犬、母猫只形成腹股沟疝（图6-4-1），公犬、公猫可发生腹股沟阴囊疝（图6-4-2）。腹股沟疝分为先天性和后天性两类。先天性的腹股沟疝由腹股沟管内环先天性过大导致；后天性腹股沟疝多因腹内压突然增高等原因导致腹股沟管内环扩大，腹腔脏器经腹股沟管内环脱出而成。先天性腹股沟疝多为可复性疝，后天性腹股沟疝可发展为嵌闭性疝。

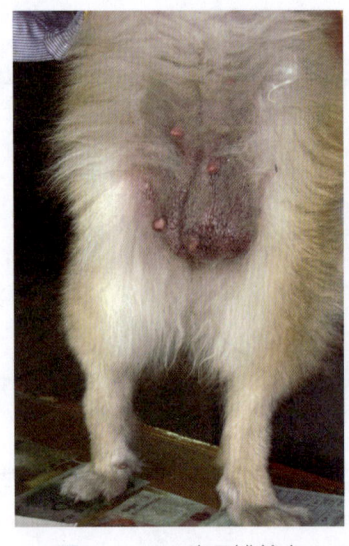 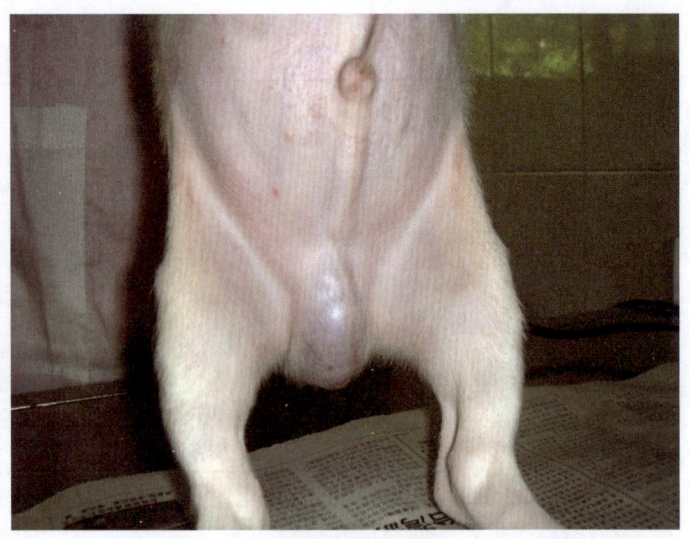

图6-4-1　5岁母博美犬腹股沟疝　　　　　图6-4-2　4月龄公拉布拉多犬腹股沟阴囊疝

手术适应证

发生腹股沟疝的母犬、母猫，或发生腹股沟阴囊疝的公犬、公猫，当腹腔脏器脱出，有临床症状出现时需要进行手术治疗。

手术步骤

（1）动物行全身麻醉，两后肢外展仰卧保定（图6-4-3）。腹股沟处进行常规消毒处理。

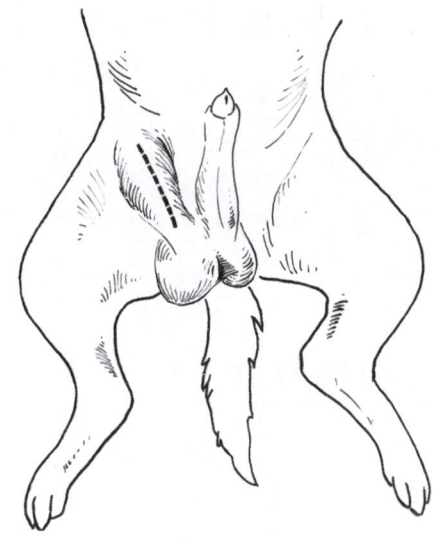

图6-4-3 保定姿势与切口定位

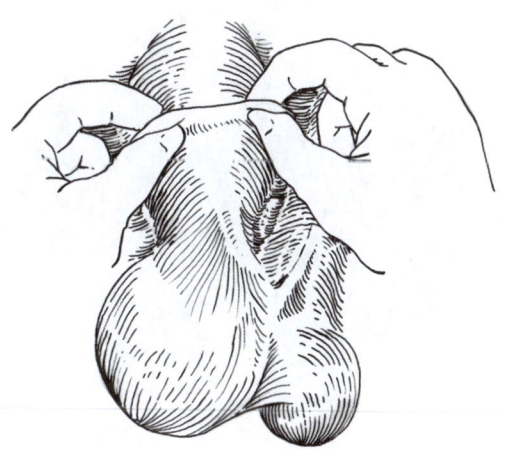

图6-4-4 皮肤作皱襞切开

（2）皱襞式切开皮肤（图6-4-4）。母犬、母猫切口最好在腹股沟乳腺组织内侧；公犬、公猫则在腹股沟管上。

（3）切开皮肤后，用钝性分离法将腹股沟管剥离（图6-4-5）。母犬、母猫可将腹股沟管剥离至顶端，使之游离。然后自顶端开始捻转，将疝内容物挤压还纳回腹腔内。在确认腹股沟管经捻转挤压，确实将疝内容物全部还纳后，在靠近腹股沟管内环处将腹股沟管结扎。

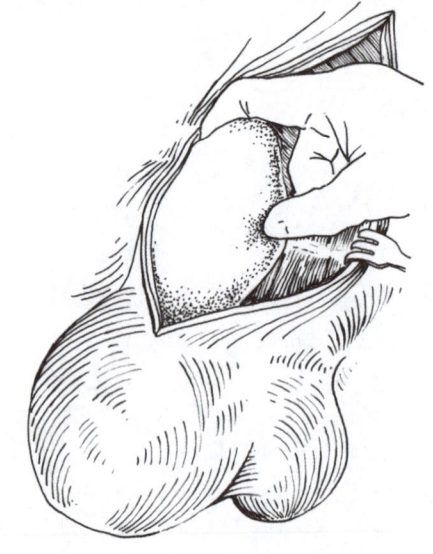

图6-4-5　用钝性分离法将腹股沟管剥离

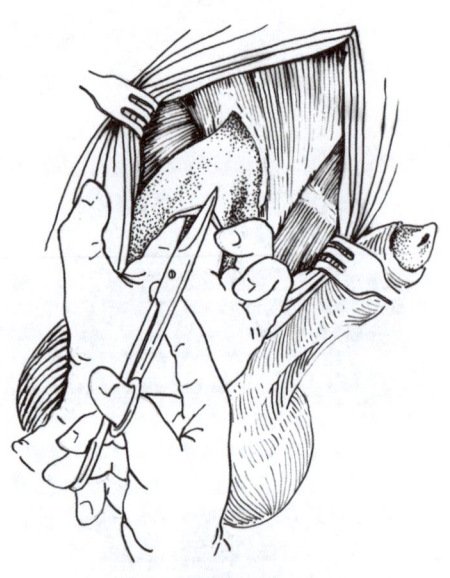

图6-4-6　在两手指的保护导引下剪开腹股沟管

（4）公犬、公猫在腹股沟管分离后，先将腹股沟管剪开一小口，在两手指的保护导引下剪开腹股沟管（图6-4-6）。

（5）将腹股沟管内脱出的腹腔内脏还纳回腹腔（图6-4-7）。如为嵌顿性疝或脱出的内脏较多，则需将腹股沟管内环适当切开扩大。在内脏顺利还纳后，暂时用组织钳钳夹内环，防止内脏再次脱出，影响以后的操作。

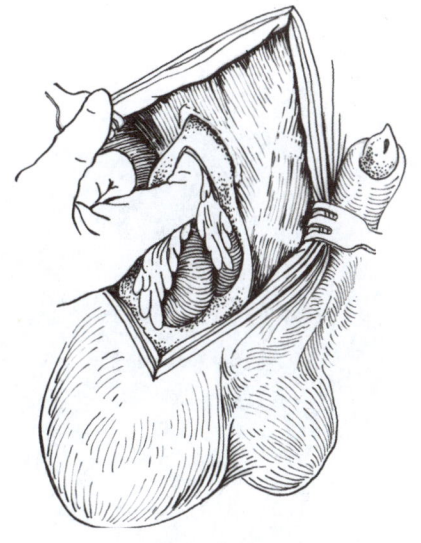

图6-4-7 将腹股沟管内脱出的腹腔内脏还纳回腹腔

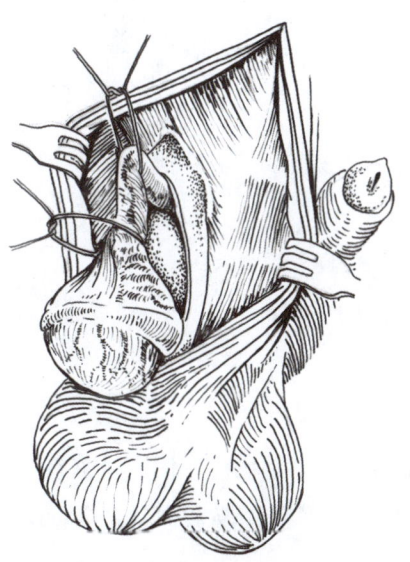

图6-4-8 结扎精索及切除睾丸

（6）双重结扎精索，切除睾丸（图6-4-8）。

（7）将精索断端推入腹腔，结节缝合腹股沟管内环，连续或结节缝合腹股沟管（总鞘膜）（图6-4-9）。内环缝合时要缝合前角，避免缝住内环后端的阴部外静脉与淋巴管，引起术后下腹壁和后肢水肿。

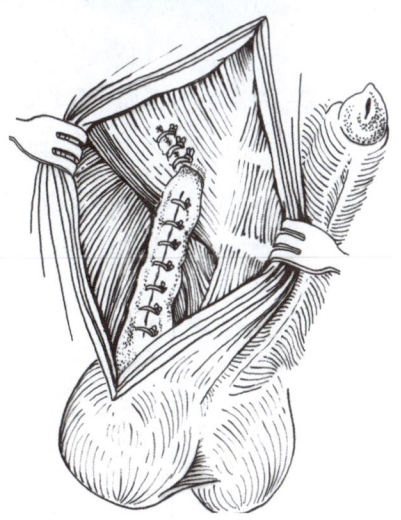

图6-4-9 缝合腹股沟管内环

（8）母犬、母猫的腹股沟管结扎后可缝合于内环处。也可将多余部分剪去，断端与内环一并作结节缝合以闭合内环（图6-4-10）。

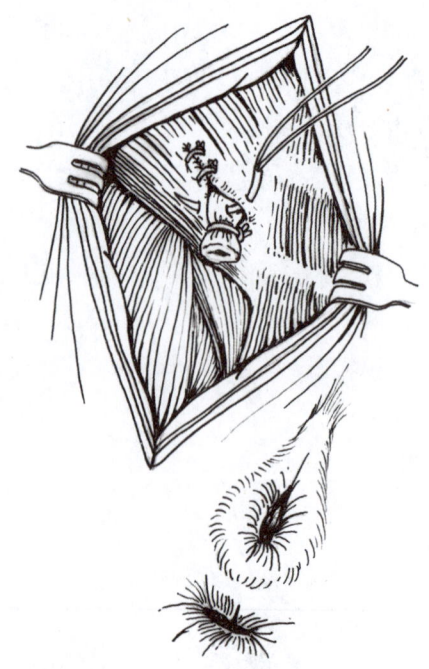

图6-4-10　母犬、母猫闭合内环

（9）结节缝合皮肤与皮下结缔组织，尽量不留创囊。

📋 手术注意事项

（1）母犬、母猫腹股沟疝手术，须将腹股沟管全部剥离，使之呈游离状，才能完成之后的操作。而公犬、公猫只需显露出腹股沟管（总鞘膜），就完全可以进行以后的操作，无须过分地剥离。

（2）脱出的内脏如发生广泛的粘连或坏死，则需进行切除处理。

（3）内环附近有较大的血管存在，如阴部外动脉、静脉，股动脉、静脉及其分支。在进行各项操作时要特别注意，避免误伤。

（4）腹股沟手术部位特殊，缝合创口时尽量不留创囊，避免术后积液肿胀。

📋 术后护理

（1）术后需装置腹绷带，并在术部填加棉团压迫术部包扎。绷带要经常更换，保持术部清洁、干燥。

（2）术后控制活动，避免剧烈运动。

（3）使用抗生素控制术后感染。

（4）日常饲喂不可过饱，防止腹压过大。

（5）术后7~10d拆除皮肤缝线。

五 会阴疝修补术

会阴是体壁的一部分，覆盖在骨盆口，环绕在肛门和尿生殖道周围。盆腔隔膜肌肉组织封盖腹腔到骨盆腔入口并支持直肠外壁，当这些肌肉变性缺陷时，不能支撑直肠封闭盆腔，腹腔脏器可向骨盆腔后直肠侧结缔组织间隙突出，脱出在会阴部皮下。盆腔后结缔组织无力和肛提肌的变性变化或萎缩是本病发生的常见因素，公犬的性激素失调、前列腺肿大和慢性便秘等也会促进本病的发生。疝内容物多为膀胱、子宫、肠管等。多发于8岁左右的公犬。患犬会阴部有明显突起或肿胀，皮肤因受脱出物压迫会有充血、水肿或破溃。临床主要表现为排便时频频努责，里急后重或排尿困难（图6-5-1、图6-5-2）。

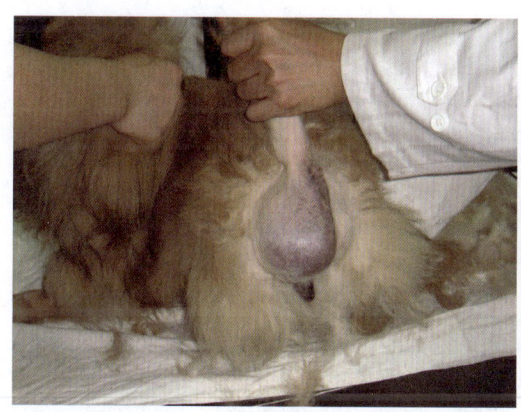
图6-5-1　7岁雄性博美犬发生会阴疝

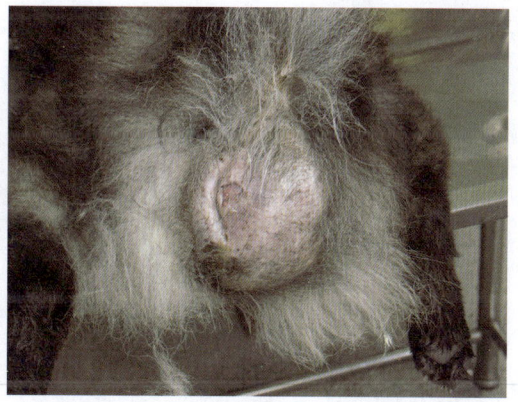
图6-5-2　10岁公家犬发生会阴疝

手术适应证

动物如发生会阴疝，施行会阴疝修补术是治疗本病的切实方法。

手术步骤

（1）如患犬发生膀胱突入到会阴疝，可能会出现尿闭，术前需要先行导尿，或用注射器在会阴疝处进行膀胱穿刺，抽出尿液。对便秘的患犬，术前用温肥皂水灌肠，掏出直肠内的积粪。然后对肛门作袋口状缝合，防止术中排便污染手术区域。

（2）动物行全身麻醉，俯卧位保定，抬高后躯，使其呈后高前低体位，两后肢悬垂，向前折转并固定尾巴。术部常规剃毛、消毒。

（3）手术切口定位：从尾根外侧至坐骨结节内侧，作一弧形的疝囊皮肤切口（图6-5-3）。

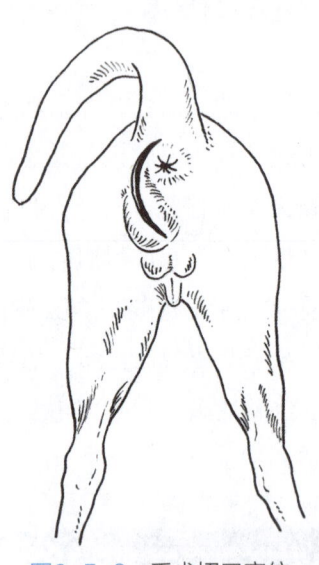

图6-5-3　手术切口定位

（4）术前要明确了解疝囊周围可用于缝合修补的肌肉（图6-5-4），包括：①尾肌；②肛门退缩肌；③肛门外括约肌；④疝囊；⑤会阴动脉及神经；⑥闭孔内肌。

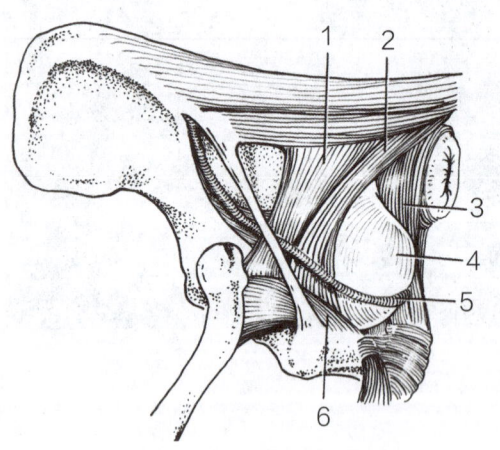

1.尾肌；2.肛门退缩肌；3.肛门外括约肌；4.疝囊；5.会阴动脉及神经；6.闭孔内肌。

图6-5-4　疝囊周围的肌肉

（5）切开皮肤，钝性分离皮下组织，显露疝囊及周围肌肉（图6-5-5），包括：①尾肌；②肛门退缩肌；③肛门外括约肌；④疝；⑤会阴动脉及神经；⑥闭孔内肌；⑦坐骨。

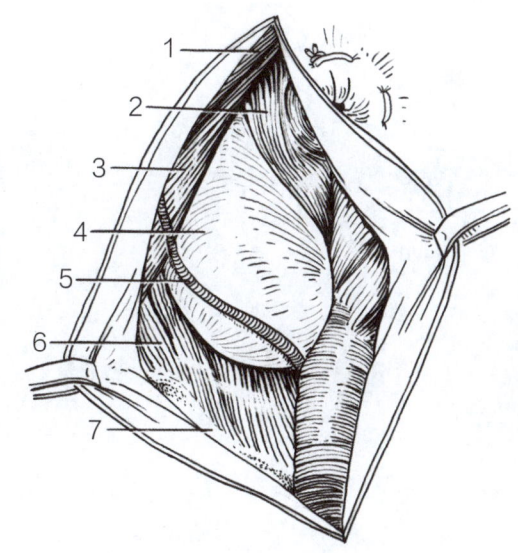

1.尾肌；2.肛门退缩肌；3.肛门外括约肌；4.疝；5.会阴动脉及神经；6.闭孔内肌；7.坐骨。

图6-5-5 会阴部局部解剖

（6）把脱出的腹腔脏器向前推压还纳回腹腔，复位。用浸有生理盐水的灭菌大纱布填塞疝孔，阻挡脏器脱出。如果发生肛门直肠憩室，则需对憩室部作只穿透直肠浆肌层的纵行皱褶缝合（图6-5-6）。

要进行多列纵行的皱褶缝合，才能将直肠憩室缩小或平复（图6-5-7）。

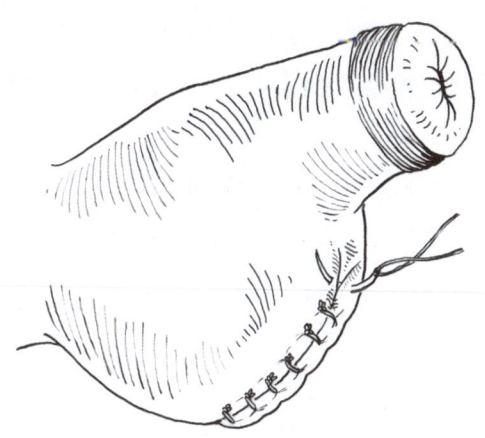

图6-5-6 只穿透直肠浆肌层的纵行皱褶缝合

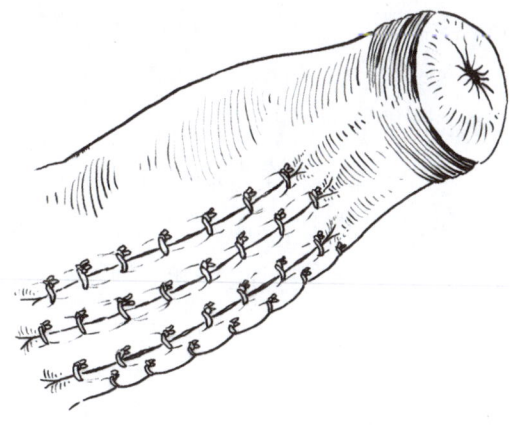

图6-5-7 纵行皱褶缝合缩小直肠憩室

(7）闭合疝孔：将肛门退缩肌结节缝合于肛门外括约肌前缘。当肛门退缩肌变性不能支持缝线时，也可将尾肌与肛门外括约肌缝合。将闭孔内肌、闭孔外肌与肛门外括约肌缝合，以闭合盆腔裂隙（图6-5-8）。在缝合时要留有会阴动脉与神经的通路。

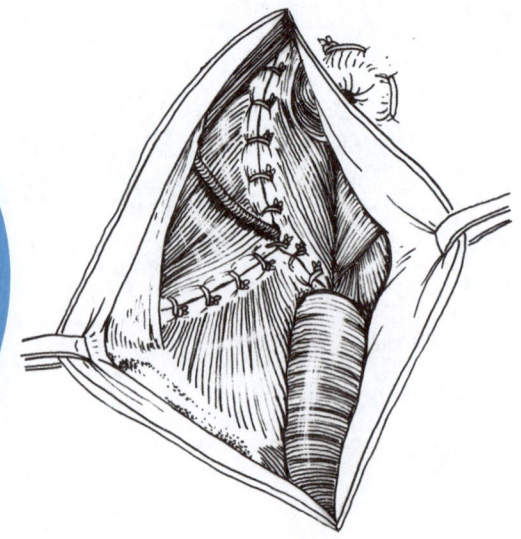

图6-5-8　闭合盆腔裂隙

（8）修剪松弛的皮肤及浅筋膜，将修整过的浅筋膜缘缝合于肛门括约肌。结节缝合皮肤。

手术注意事项

（1）术前先把肛门进行荷包缝合，防止术中粪便污染手术区域。

（2）切开疝囊皮肤后，要仔细钝性分离皮下组织，避免损伤脱出的腹腔脏器。

（3）在闭合疝孔时，注意不要损伤会阴动脉与神经，否则在术后可能会出现大便不能正常排出的情况。

（4）疝修补术完成后，要同时对动物施行去势术，可以防止会阴疝的复发。

（5）如果患犬双侧会阴疝，为防止两侧同时施行疝修补术导致肛门外括约肌异常紧张，应先完成情况坏的一侧，间隔4~6周后再对另一侧施行手术。

术后护理

（1）术后应用抗生素3~4d。

（2）及时清理并消毒术部，以防止粪便污染手术创口。

（3）术后投喂轻泻类药物，以软化粪便。也可用开塞露等，以刺激排便。

第七章

直肠肛门外科手术

一　直肠脱出修复术

（一）直肠黏膜部分切除术

临床有时仅仅是直肠黏膜脱出肛门外，并且伴有严重的黏膜水肿和坏死。此种情况下，单纯将脱出的直肠黏膜还纳回肛门内不能从根本上解决问题，还可能造成新的严重后果。手术切除部分脱出的不健康的直肠黏膜，可以较好地解决上述问题。

手术适应证

临床见单纯的直肠黏膜脱出，并伴有严重的水肿或坏死，可施行此手术。

手术步骤

（1）动物行全身麻醉，侧卧保定。用0.01%新洁尔灭溶液清洗脱出的直肠黏膜后，用纱布浸温的10%硫酸镁溶液温敷脱出的直肠黏膜，使水肿部分消退。

（2）在距离肛门1.5～2cm处，环形切开黏膜（图7-1-1）。切开的深度达到黏膜下层，但不可切至肌层。

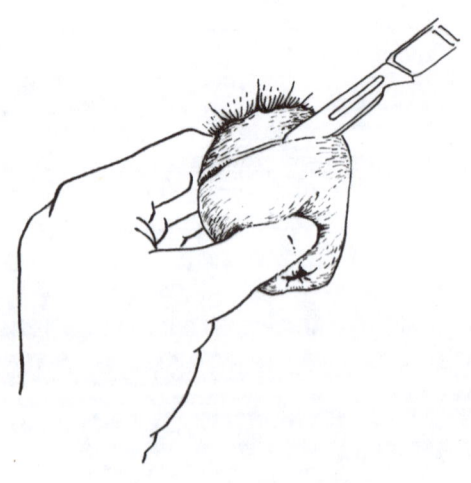

图7-1-1　环形切开黏膜

（3）用手术刀柄或手术镊子柄沿黏膜下层钝性分离发生水肿或坏死的黏膜层并向下翻转（图7-1-2），直到脱出部的顶端。

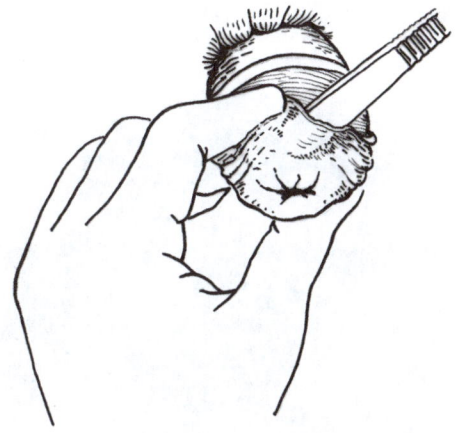

图7-1-2　用手术刀柄沿黏膜下层分离黏膜层并向下翻转

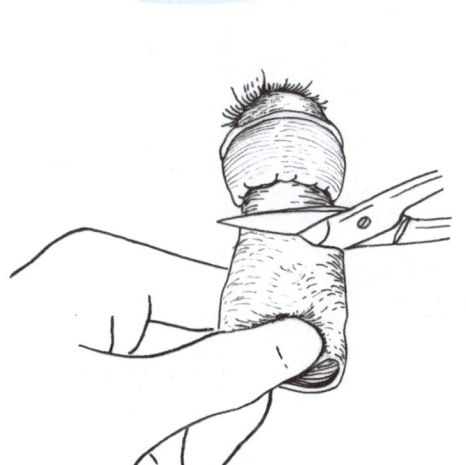

图7-1-3　用手术剪将剥离的黏膜剪除

（4）用手术剪将剥离的黏膜剪除（图7-1-3），其下的直肠肌层即行松弛。

（5）将剪除后脱出部顶端的黏膜创缘与肛门部黏膜创缘对合，用肠线进行结节缝合（图7-1-4）。

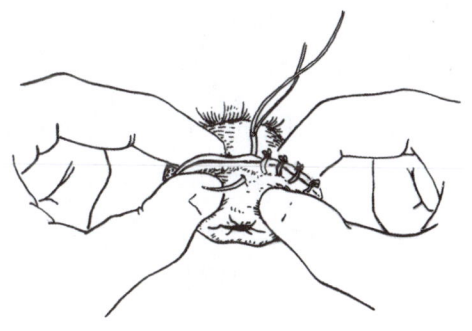

图7-1-4　将黏膜创缘对合，用肠线进行结节缝合

（6）缝合完毕，将黏膜推还（图7-1-5）。随即作肛门环缩术，防止再次脱出。

图7-1-5　缝合完毕，将黏膜推还

手术注意事项

（1）用纱布浸温的10%硫酸镁溶液温敷脱出的直肠黏膜，使水肿部分消退，有利于后续的操作。

（2）剥离严重水肿或坏死黏膜的操作是困难的，尤其是要完整地剥离。

（3）缝合黏膜要严密。同时要注意，这时的黏膜是不正常的，其韧性降低，十分脆弱，会给缝合造成困难。

（4）要施行肛门环缩术来保证此项手术顺利进行。

术后护理

（1）术后使用抗生素控制感染。

（2）给予缓泻药物使粪便变稀、软，利于排出。

（3）术后一段时间，饲料尽量给予易消化、少渣的品类。禁止喂给骨类。

（4）每日清洁肛门。可向直肠内灌注20%鱼石脂石蜡油，每日2~3次，每次15~20mL。

（二）脱出直肠切除术

直肠脱出较长时间未妥当处理，可致使脱出部分的直肠发生严重的水肿、粘连、坏死，无法进行还纳整复（图7-1-6）。

图7-1-6　脱出部分的直肠发生严重的
水肿、粘连、坏死

手术适应证

直肠脱出时间长，形成严重的水肿、坏死、粘连，无法进行还纳整复时，可进行脱出部分切除术。

手术步骤

（1）动物行全身麻醉，横卧保定，并抬高后躯。肛门周围及脱出的直肠用0.1%新洁尔灭溶液清洗并进行消毒。

（2）自脱出部顶端向肠腔内插入圆头玻璃试管或其他类似物体，使脱出部直肠肠腔被撑持起来。初步检查感觉内、外两层肠壁间是否有其他肠管（多为小肠）存在（图7-1-7）。

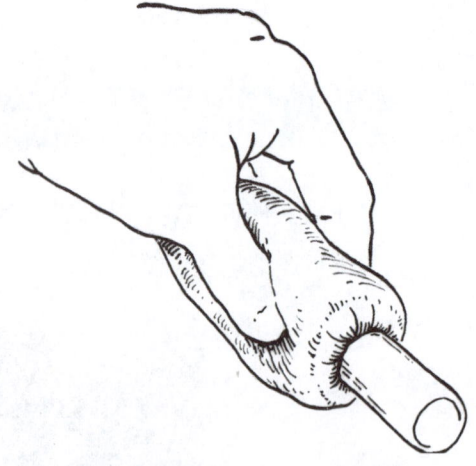

图7-1-7 向肠腔内插入圆头玻璃试管，并检查内、外两层肠壁间是否有其他肠管存在

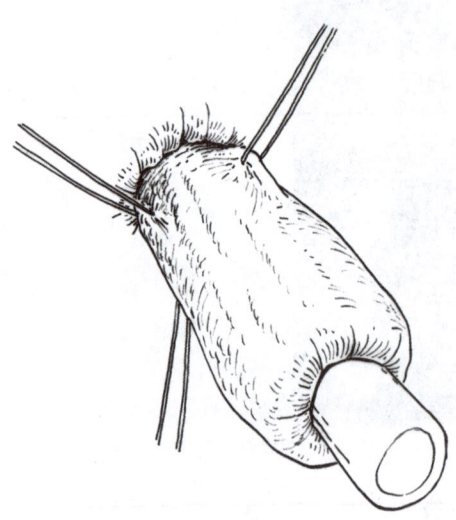

图7-1-8 用10号缝线穿透内层、外层肠管进行固定牵引

（3）在距离肛门约1cm处用10号缝线穿透内层、外层肠管进行固定牵引，防止术中脱出直肠退缩回肛门内（图7-1-8）。也可用钢针在紧贴肛门部作"十"字交叉穿过脱出直肠进行固定。

（4）小心地切开外层肠壁的一小部分（图7-1-9），伸入手指，再次检查内层、外层肠壁间有无嵌入的小肠肠管，并对出现的出血点进行结扎止血。

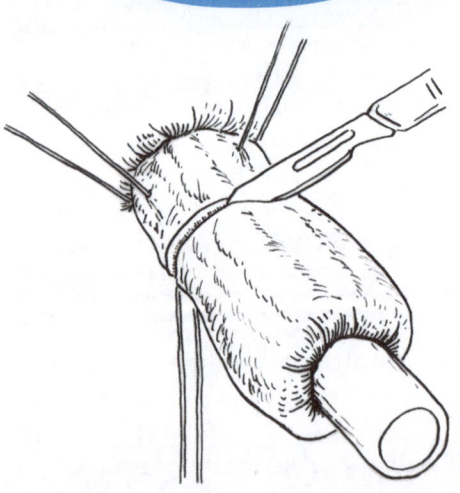

图7-1-9 切开外层肠壁的一小部分

（5）边切开外层肠壁，边用4号缝线对外层肠壁断缘的浆膜肌层和内层肠壁的浆膜肌层进行结节缝合（图7-1-10）。边切边缝，直至完全切开外层肠壁，并完成内层、外层肠壁浆膜肌层的结节缝合。

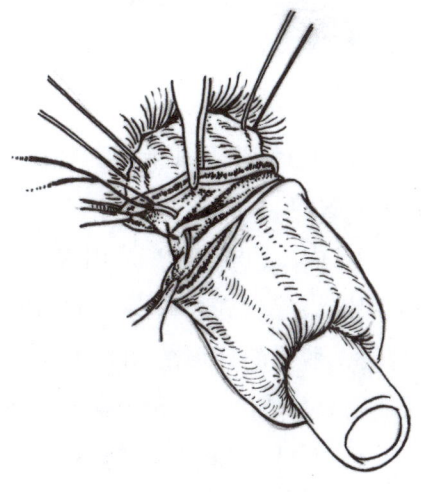

图7-1-10 边切开外层肠壁，边对内层、外层肠壁的浆膜肌层进行结节缝合

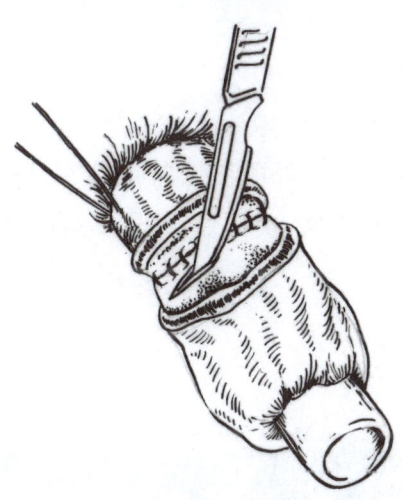

图7-1-11 切开内层肠壁

（6）在内层肠壁浆膜肌层结节缝合的下方1~1.5cm处，切开内层肠壁（图7-1-11）。边切边对内层、外层肠壁断缘作全层结节缝合。

（7）直至完全切断内层肠壁，并完成内层、外层肠壁断缘的结节缝合（图7-1-12）。

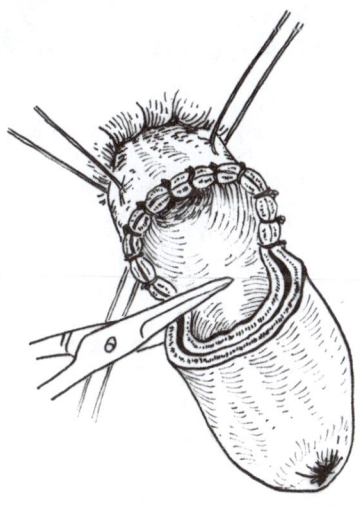

图7-1-12 直至完全切断内层肠壁，并完成内层、外层肠壁断缘的结节缝合

📋 手术注意事项

（1）术前抬高后躯或倒提后肢片刻振摇腹部，可使进入膀胱（或生殖道）陷凹的小肠坠入腹腔，防止术中误伤。

（2）内层、外层肠壁之间常是直肠腹膜部形成的腹膜腔，在手术时要认真检查有无腹腔脏器突入，避免误伤。分层切割缝合可有效防止误伤突入其中的脏器。

（3）脱出的直肠在切除前，要用牵引缝线、钢针或舌钳夹持等方法进行固定。切除直肠要边切边缝，不可切完再缝，以免内层肠管退缩回腹腔，造成严重后果。

（4）内层、外层肠壁断缘的结节缝合，尽量少占用组织（缩小进针边距），以防术后发生肠腔狭窄。

📋 术后护理

（1）术后使用抗生素控制感染。

（2）给予易消化的半流质食物。

（3）肛门部直肠可用10%硫酸镁湿敷，以消除水肿，并可向直肠内灌注灭菌石蜡油，利于排便。

（4）经常检查直肠内有无蓄粪，及时排出。

（5）直肠内缝线可自行脱落排出，无须拆线。

（三）肛门环缩术

肛门环缩术是在发生直肠脱垂（图7-1-13），经手法还纳或手术还纳直肠后，为防止直肠再次脱出而采取的一种手术方法。

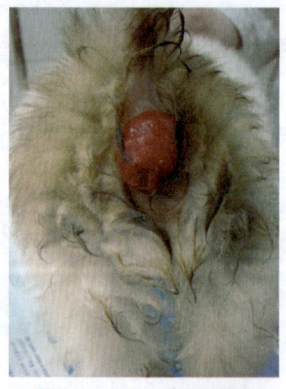

图7-1-13　直肠脱垂

手术适应证

此手术适用于直肠脱垂时的肛门松弛或肛门括约肌收缩无力。

手术步骤

（1）施术犬采用前低后高、俯卧保定姿势（图7-1-14），此种姿势有利于直肠恢复后向腹腔内移动。

（2）荐尾硬膜外麻醉或后海穴（肛门与尾根间）麻醉。对于个别性情暴烈或骚动不安的犬，可配合全身麻醉。

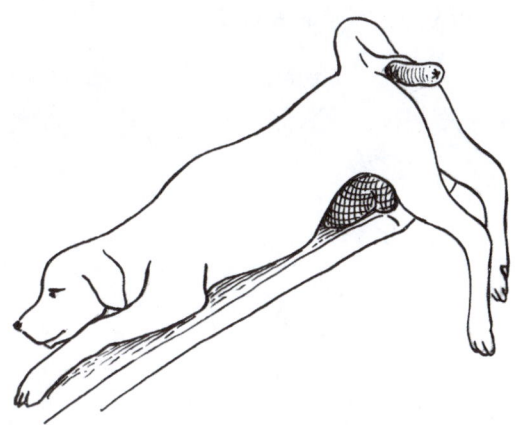

图7-1-14 前低后高，俯卧保定

（3）清洗消毒肛门周围。

（4）用弧度较小的三棱针（3/8弯）带10号丝质缝线，自肛门上方12点钟方向处，距离肛门1～2.5cm（根据犬的体形大小）进针经皮下至9点钟方向处（同样距离肛门1～2.5cm）穿出，然后在距出针点2～3mm处进针，再经皮下至6点钟方向处出针（图7-1-15）。

图7-1-15 距离肛门1～2.5cm处，自12点钟方向处进针经皮下至9点钟、6点钟方向处出针

（5）同样，缝针由6点钟方向处再次进入皮下经过3点钟方向处，最后由12点钟方向处穿出（图7-1-16）。

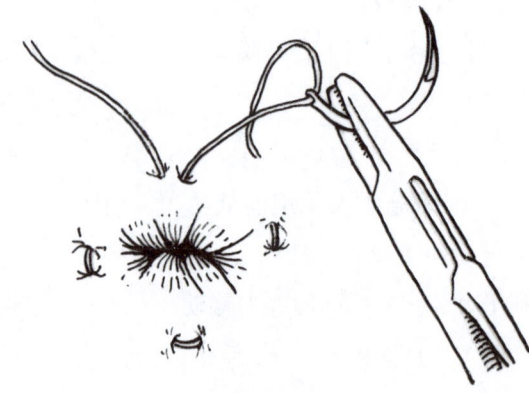

图7-1-16　缝针由6点钟方向处再次进入皮下经过3点钟方向处，最后由12点钟方向处穿出

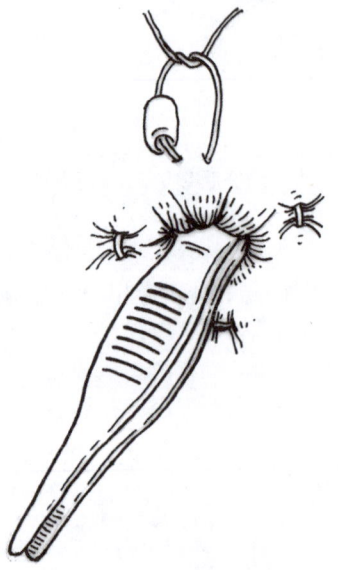

图7-1-17　用手术镊子柄等插入肛门内，调节好缝线再行打结

（6）在缝线拉紧打结前，用诸如手术镊子柄、手指、厚壁玻璃试管、圆头金属棒等物件插入肛门内，然后调节好缝线再行打结（图7-1-17）。打结后既要保证直肠不会再次脱出，还要顾及排便的问题。

手术注意事项

（1）缝线选用较粗的丝质或其他不可吸收材质的缝线，要保证有足够的强度。

（2）在缝线露出皮肤外的部分，可套加胶管、胶垫避免缝线勒压皮肤。但是多数犬在术后会将胶管、胶垫咬掉，扯断缝线。所以是否加胶管、胶垫，由术者斟酌。

（3）缝线调节关系肛门开放的程度，因此线尾要留长些，最好打活结，便于随时调节。

术后护理

（1）术后每日向肛门内灌注石蜡油2～3次，每次10～15mL，以保证排便顺畅。
（2）积极治疗直肠脱垂的原发病。
（3）每次排便后清洁肛门周围，并用碘伏等刺激性轻微的消毒药进行消毒。
（4）术后5d将缝线适度放松，观察排便时直肠黏膜是否有外翻现象。根据直肠恢复情况和排便时的状况决定放松缝线的程度和拆除缝线的时间。

二 肛门囊摘除术

犬的肛门囊可因细菌感染、寄生虫（迁移的绦虫节片、蛲虫）刺激、区域损伤、长期稀便刺激等，导致囊内分泌物排出困难，甚至蓄积、干结乃至化脓，年龄较大的犬多发此病。虽然多数犬可通过挤压肛门囊排出分泌物，但是此种方法难以奏效或者情况不允许时，需要通过手术方法解决。

手术适应证

用保守的挤压方法无法解决分泌物排出问题，或周期性、反复发作的分泌物排出困难，分泌物干结，囊内化脓的，可进行手术切除肛门囊。

手术步骤

（1）施术犬术前进行灌肠，排出粪便。
（2）全身麻醉，俯卧保定。
（3）挤压肛门囊，尽量排空内容物。清洗、消毒肛门及周围区域。
（4）找到肛门囊开口。

（5）切开肛门囊有两种方法。一种方法是用一种带有沟槽的探针从肛门囊开口插入肛门囊底部（图7-2-1）。

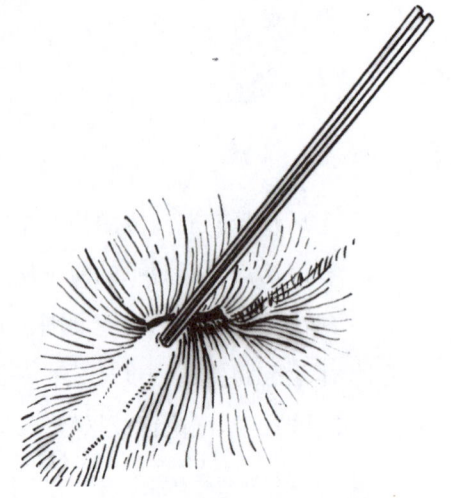

图7-2-1　带有沟槽的探针从肛门囊开口插入肛门囊底部

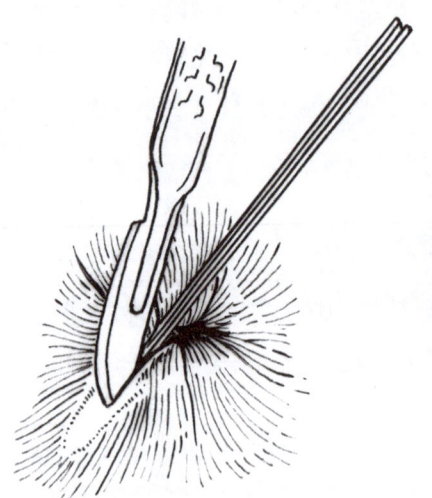

图7-2-2　手术刀利用探针沟槽导引自开口处向肛门囊底部切开

（6）手术刀利用探针沟槽导引自开口处向肛门囊底部切开（图7-2-2）。此种方法虽然能很准确地切开肛门囊，但是同时一次性切开了肛门囊壁、肛门括约肌、皮下结缔组织和皮肤。所以，在摘除肛门囊后尤其要注意对肛门括约肌进行仔细的缝合。

（7）另一种方法是用止血钳自肛门囊开口插入肛门囊底部作为指示导引（图7-2-3），用手术刀自肛门囊开口部至肛门囊底端处先行切开皮肤。

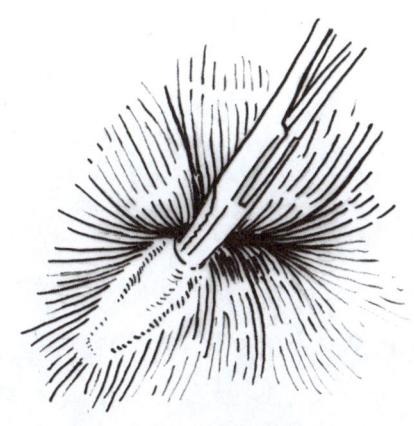

图7-2-3　止血钳自肛门囊开口插入肛门囊底部作为指示导引

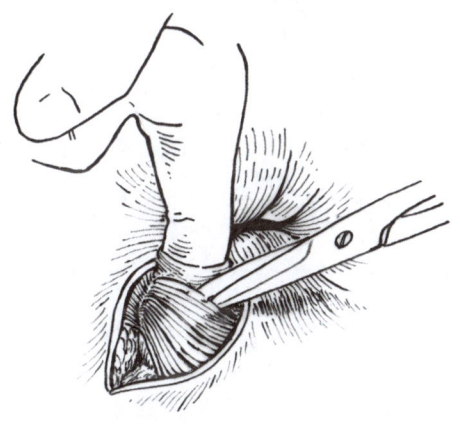

图7-2-4　手指插入肛门囊，用钝头手术剪在肛门囊与肛门括约肌之间进行剥离

（8）将肛门囊开口扩大，手指插入肛门囊，用钝头手术剪在肛门囊与肛门括约肌之间进行剥离（图7-2-4），并将肛门括约肌向肛门囊底端方向推移，直至剥离到肛门囊底端。

（9）用止血钳夹住肛门囊底端向外上方牵引并继续剥离其深部囊壁（图7-2-5），最后将囊壁完整剥离摘除。利用沟槽探针一次切开肛门囊后，可直接用止血钳夹住肛门囊底端向外翻转囊壁，同时对囊壁进行剥离摘除。

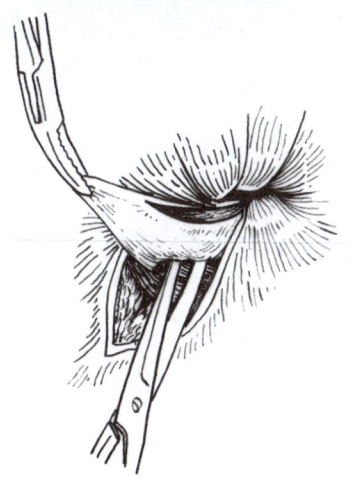

图7-2-5　止血钳夹住肛门囊底端向外上方牵引并继续剥离其深部囊壁

（10）将肛门括约肌复位后，用1～4号丝质缝线结节缝合皮下结缔组织，然后结节缝合皮肤（图7-2-6）。

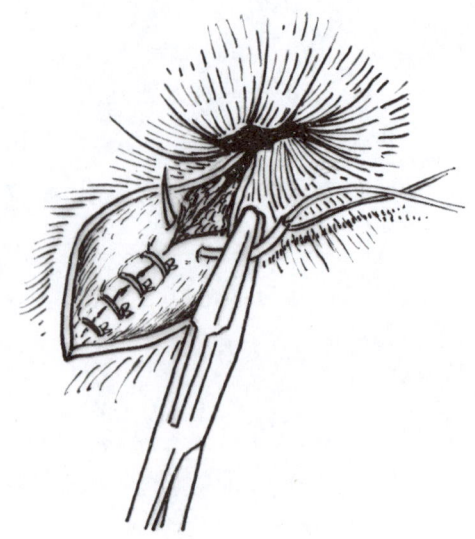

图7-2-6　结节缝合皮下结缔组织

（11）利用沟槽探针一次切开肛门囊后，肛门括约肌被切断。在摘除肛门囊后，将肛门括约肌两断端仔细地用结节缝合法进行缝合。然后再缝合皮下组织和皮肤。

（12）同样方法摘除对侧肛门囊。

手术注意事项

（1）肛门囊切开前尽量挤净囊内的分泌物或脓汁，然后消毒手术区域。

（2）切开肛门囊一定要在探针、止血钳、手指等标志物指示下进行，避免盲目切开。

（3）肛门囊壁摘除要完整。

（4）相对而言，肛门括约肌在术中不被切断，术后肛门括约肌痉挛这类麻烦就会少得多。

术后护理

（1）术后使用抗生素抗感染。

（2）为保障术后排便通畅，可每日2～3次向直肠内灌注灭菌石蜡油。

（3）每次排便完后，清洗肛门，并在创口处涂抹抗生素软膏。

（4）有时会出现肛门括约肌痉挛，导致排便困难，可用手指或厚壁的玻璃试管涂上石蜡油，徐徐插入肛门，并停留5～10min以解除痉挛。排便前或每日进行若干次。

（5）术后7～10d拆除皮肤缝线。

第八章

犬四肢骨骨折支架外固定

犬的四肢骨骨折支架外固定技术，适用于前肢肩关节以下、后肢髋关节以下的大部分骨折的治疗及关节脱位的辅助治疗。相比较而言，这种技术较简单易行，效果明显，适用于四肢骨骨折大部分情况下的治疗。

支架常选用直径0.8~1cm的铝条，这种材料质地轻、成形好，容易曲折制作，是较为理想的制作支架的材料。也可用较粗的铁条制作。

支架装置后，患肢支撑体重的功能由支架协助承担，而骨折部则由支架保护和固定，可达到治疗和完成部分功能的目的。所以在选择材料时，需要考虑材料的质地、硬度、刚性、支撑力等，防止使用中出现变形、过重、制作成形困难等情况。

手术适应证

骨折支架外固定，适用于犬四肢骨骨折大部分情况下的治疗，甚至也可用于严重的开放性四肢骨骨折（图8-1-1、图8-1-2、图8-1-3、图8-1-4、图8-1-5）。

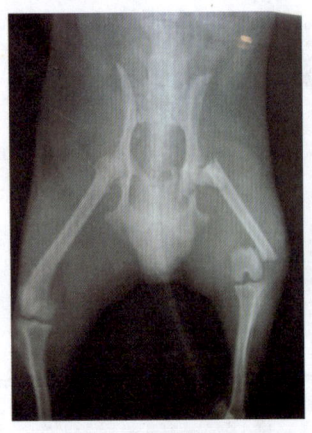

图8-1-1　3岁北京犬股骨全骨折

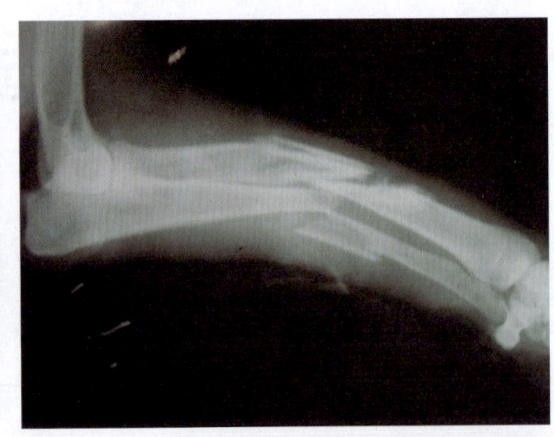

图8-1-2　5岁德国牧羊犬桡骨、尺骨粉碎性骨折（股骨颈、股骨远端合并骨折）

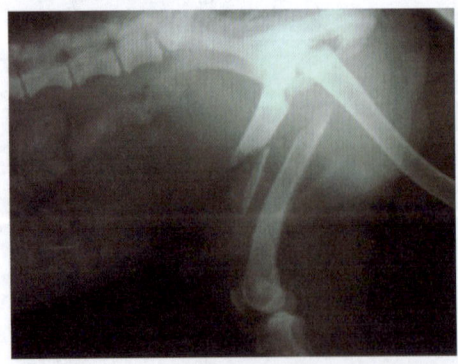

图8-1-3　6岁边境牧羊犬股骨粉碎性骨折

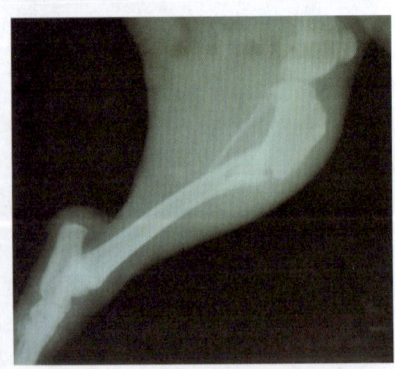

图8-1-4　4岁可卡犬胫骨骨折

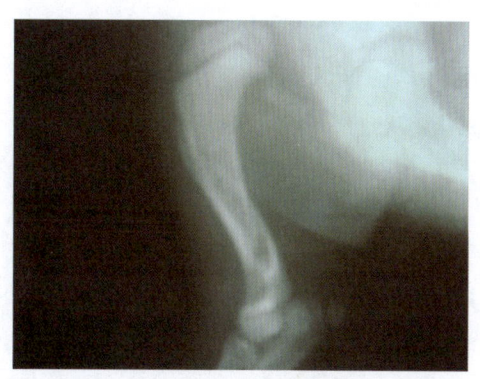

图8-1-5　1岁沙皮犬臂骨螺旋骨折

手术步骤——支架的制作与装置

（1）支架的最上部是椭圆形的环，它起到代替患肢承托躯干重量的作用，称为支撑圈。在制作支架前需要测量好前肢腋下或后肢腹股沟处肢体部分的尺寸及患肢各部分的长度，供制作支架时参考（图8-1-6）。

（2）支架由顶端的支撑圈开始制作。支撑圈做成稍大于肢横截面的椭圆形，尺寸应比肢的外周稍大，可以在肢体与支撑圈之间轻松地放入手指并可以自由滑动（图8-1-7）。

图8-1-6　测量前肢腋下、后肢腹股沟处肢体部分的尺寸及患肢各部分的长度

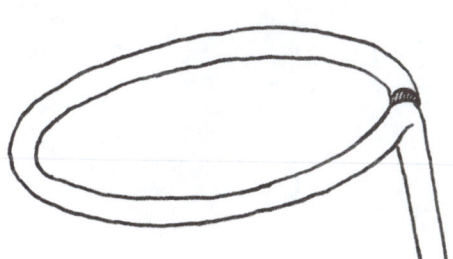

图8-1-7　支架顶端支撑圈做成稍大于肢横截面的椭圆形

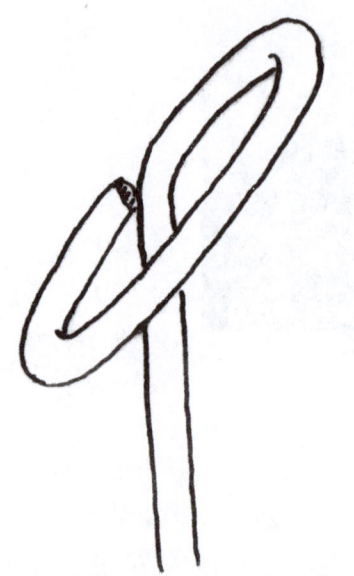

图8-1-8 支撑圈与支架体形成向内倾斜的角度,内低外高

(3)支撑圈与支架体形成向内倾斜的角度,内低外高(图8-1-8)。

(4)将支撑圈顶在腋下或腹股沟处,开始根据患肢的形状与各部分的长度,以及骨折部固定的要求使支架成形。支架底端要比伸展的患肢长度长出10~15cm,使装置完支架后,支架底端可着地支撑体重(图8-1-9、图8-1-10)。

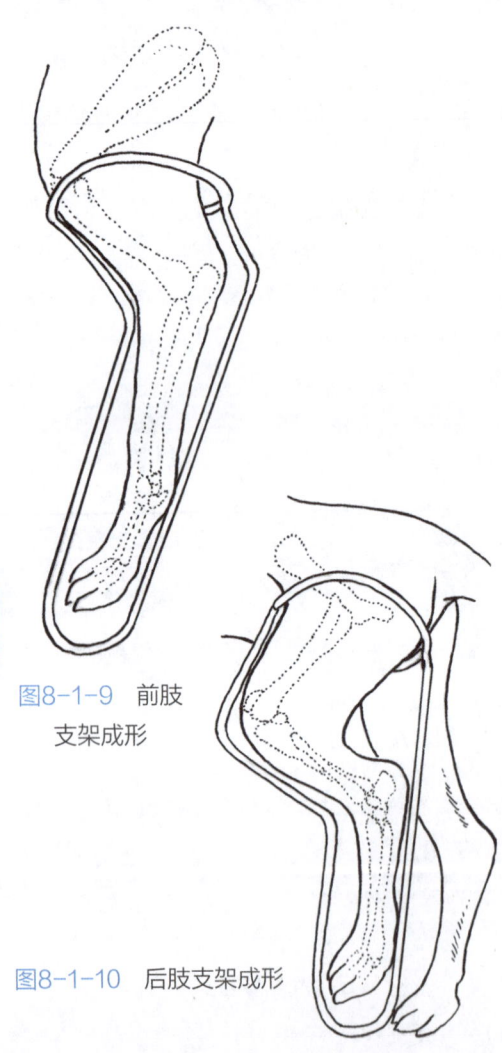

图8-1-9 前肢支架成形

图8-1-10 后肢支架成形

（5）支架成形后，用胶带将支架接口处绑扎固定好，保证支架的完整性（图8-1-11）。

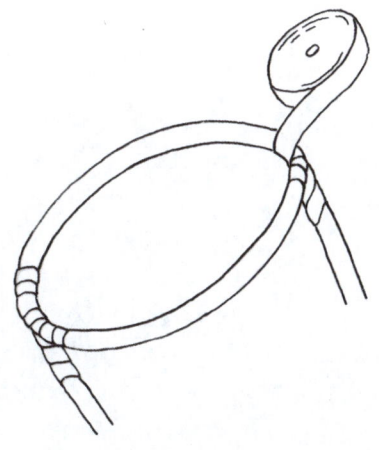

图8-1-11　用胶带将支架接口处绑扎固定好

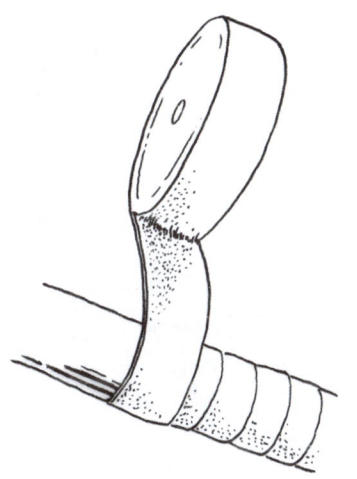

图8-1-12　用胶带胶面朝外缠绕支架体的全部

（6）用胶带胶面朝外缠绕支架体的全部，以供在包扎、固定患肢时粘着敷料等材料（图8-1-12）。

（7）将支撑圈用棉片、绷带缠绕后（减轻治疗期间因负重压迫而对皮肤和组织产生的损伤）支撑在腋下或腹股沟下。患肢的末端用胶带向支架底端牵拉，并固定。固定后必须使支架底部长于患肢的最下部（爪），使其在装置支架治疗期间以支架底端着地负重（图8-1-13）。

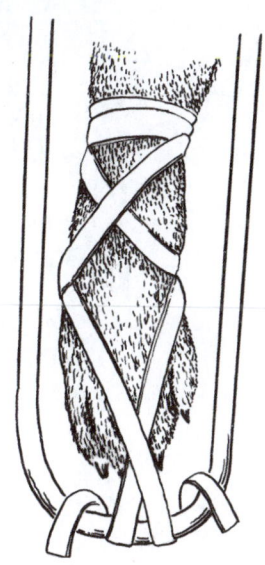

图8-1-13　肢端牵拉固定于支架底端

（8）固定包扎使用的材料以医用脱脂棉片最为理想，此种材料具有良好的柔韧性，并且透气性和吸水性都很好，同时容易保持干燥。制作方法是将医用脱脂棉卷打开后，制成厚度约1cm的棉片，然后根据所需的形状及长度、宽度，剪好备用（图8-1-14）。

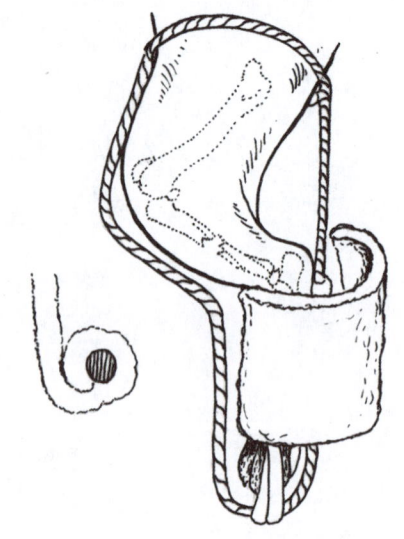

图8-1-14　用医用脱脂棉固定包扎患肢

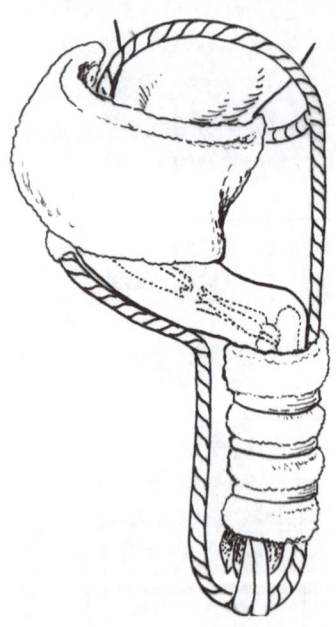

图8-1-15　借助支架的结构等强制性牵张制动骨折部

（9）患肢的固定，是将骨折部两端关节以上、以下的部位固定，借助支架的结构和材料刚性，使用棉片向要求的方向进行包裹牵拉、固定，将骨折部强制性牵张制动、固定。

固定时用合适的备好的棉片，将棉片边缘在支架体上借助缠好的胶带胶面黏结固定，防止滑脱（图8-1-15）。

（10）使用棉片包裹患肢时要掌握好松紧程度，不宜太紧。在包裹好后用胶带再将棉片做几匝固定，防止松脱。患部两端包裹、固定后，用棉片将患部包裹、固定，患肢与支架之间的空隙处填塞碎脱脂棉，然后用胶带进行固定缠绕（图8-1-16）。

图8-1-16　用棉片、胶带包裹、固定患部

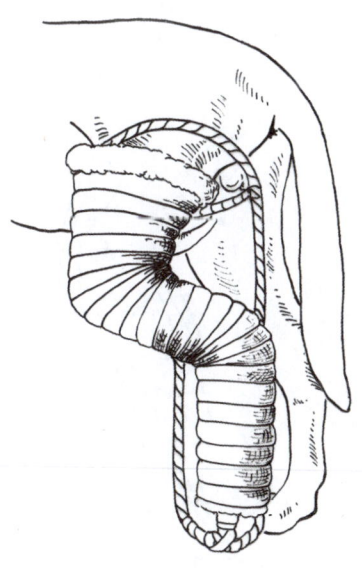

图8-1-17　用绷带自下而上将患肢与支架接触固定部分进行包扎

（11）最后用绷带自下而上将患肢与支架接触固定部分进行包扎，绷带外面再使用胶带固定若干匝。包扎不宜过松或过紧，避免绷带在术后松脱影响治疗，或过紧影响患肢的血液循环（图8-1-17）。

（12）如果是开放性骨折支架固定，在装置支架前需对开放的创伤进行彻底的外科处理，如必要的清创、止血、碎骨片的取出、骨断端的处理及组织的缝合等。如创伤处需进行后期处理治疗，要在装置支架进行包扎时，在创伤处放置标志物（如较厚的纱布块、橡胶块等易触及辨认的物体），在包扎成形后按照标志物的指示在患部"开窗"，以进行后期的处理、治疗。

四肢的骨折支架外固定，因骨折的部位不同，患肢各部位牵拉的方向也不同。前肢、后肢所用的支架形状是根据肢体的形状制作成形，还要根据骨折部位在固定后的需要，做成适合的角度与形状（图8-1-18、图8-1-19、图8-1-20、图8-1-21、图8-1-22、图8-1-23）。

无论是前肢还是后肢，装置支架时的第一步，支撑圈都需支撑于腋下或腹股沟处，而肢下端则牵拉固定于支架底端。这是所有四肢骨骨折支架外固定的第一步，也是第一要求，是将患肢与支架联合的基础操作。这样支架就不会从患肢脱落了。

（13）前肢尺骨、桡骨骨折及掌部的骨折，肘部以下向正后方固定，肘部以上到肩关节向后上方固定（图8-1-18）。

（14）前肢臂骨骨折，肘部以下向后方固定，支架在肘部向前形成约15°夹角（图8-1-19）。

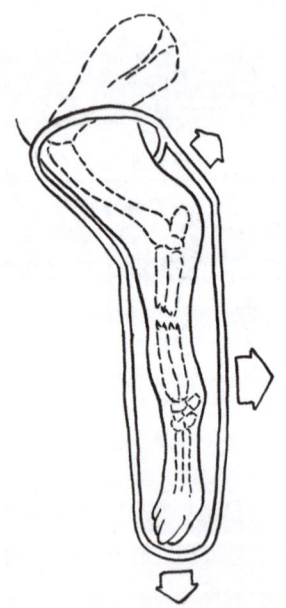

图8-1-18　前肢尺骨、桡骨骨折及掌部骨折固定方向

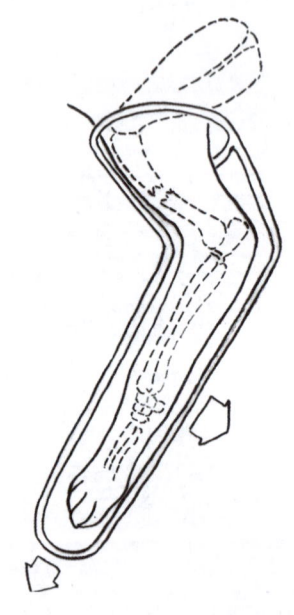

图8-1-19　前肢臂骨骨折固定方向

（15）后肢股骨骨折，小腿部胫骨向前下方固定，跖部向后方固定（图8-1-20）。

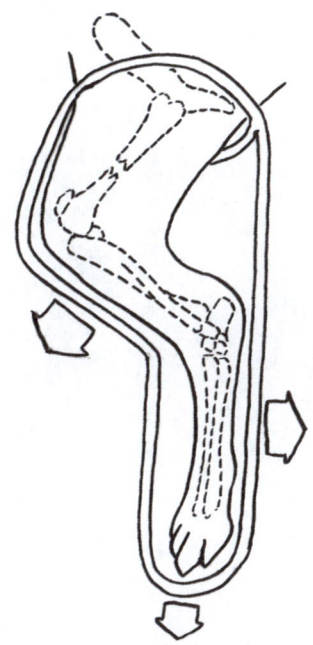

图8-1-20　后肢股骨骨折固定方向

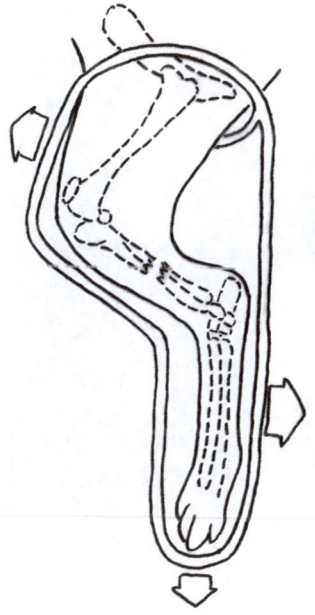

（16）后肢胫骨骨折，股部向前方固定，跖部向后方固定（图8-1-21）。

图8-1-21　后肢胫骨骨折固定方向

（17）后肢跗关节附近骨折，股部向前方固定，跖部向后方固定。支架自跗关节以下向前形成10°左右夹角（图8-1-22）。

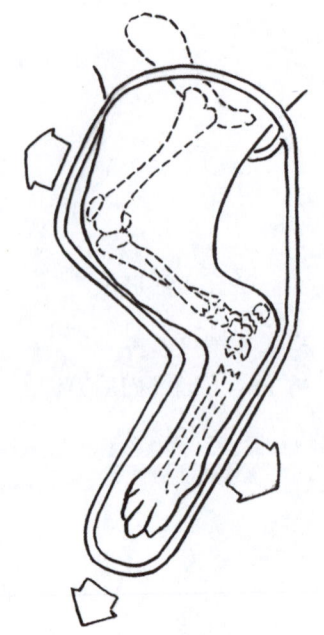

图8-1-22　后肢跗关节附近骨折固定方向

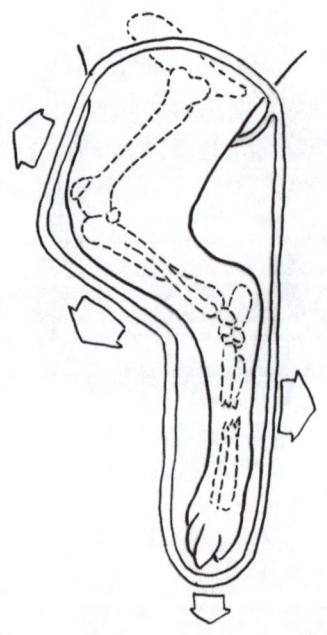

图8-1-23　后肢跖部骨折固定方向

（18）后肢跖部骨折，股部向前方固定，胫部向下方固定，骨折部向后方固定（图8-1-23）。

📋 手术注意事项

（1）支架的支撑圈在装置时一定要支撑在患肢的腋下或腹股沟处，肢的下端不能超出支架的底端，并且一定要固定于支架底端，这是装置支架于患肢且支架不会从患肢脱落最关键的两点。

（2）患肢下端不能超出支架底端，在治疗期间不能由患肢的爪着地负重，而是由支架底端着地负重。

（3）敷料对患肢包扎的松紧度要把握好，既包扎牢固，又不影响血液循环。包扎患肢最好选用脱脂棉片，不要直接使用绷带或其他弹性低的材料进行包扎固定，那样会对患肢造成直接压迫，容易引起血液循环问题。

（4）可以配合躯干部复合绷带，吊系支架。

📋 术后护理

（1）装置支架期间不限制动物活动，可以散放于空阔平坦的场所任其逍遥运动。不要关入笼内，防止支架被卡、夹、钩挂等情况发生。注意不可使支架浸水，避免粪、尿等污物沾染。同时防止动物啃咬撕扯。

（2）术后的最初数天，要经常检查患肢末端的温度，以判断患肢血液循环是否正常。如发现患肢末端温度降低、变凉或出现肿胀，则预示患肢在包扎时有过紧之处，要及时检查处理，松解包扎过紧处，以恢复正常血液循环。

（3）对于绷带上"开窗"的开放性骨折创口处，在通过"窗口"对创口进行处理的时间外，对绷带"窗口"的卫生和保护要注意。在处理创口时，对创部的渗出和使用的液状药物要妥善处理，尽量减少对周围敷料的沾染。对已经沾染的敷料要清理后及时填充新的敷料。每次对创口处理完后，要用灭菌纱布覆盖创口，并包扎好"窗口"。

（4）支架的装置时间，成年犬一般为45～60d，幼犬为35～45d。

第九章

临床常见切除术

一　犬断尾术

断尾术是自尾根将尾切除，或者截断部分尾巴的手术。

📋 手术适应证

临床多适用于治疗犬、猫尾部严重损伤、感染、骨折、皮肤撕脱、肿瘤及麻痹、顽固性咬尾症等（图9-1-1、图9-1-2）。另外，有些品种犬、猫的尾向下生长，或呈螺旋尾，尾根皮肤皱褶，蓄积皮脂、汗液及粪便，进而发生脓皮病，也需要施行断尾术。幼犬断尾术是为了符合品种标准和美观而进行的一种操作。

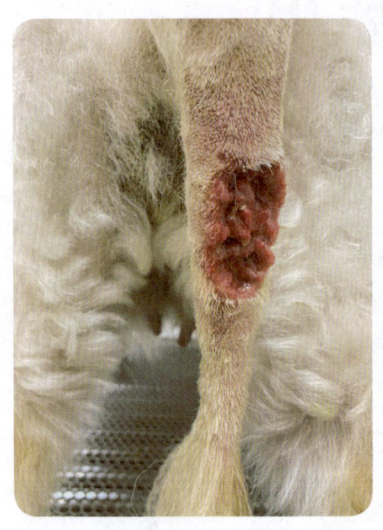

图9-1-1　10岁金毛犬尾部肿瘤，破溃

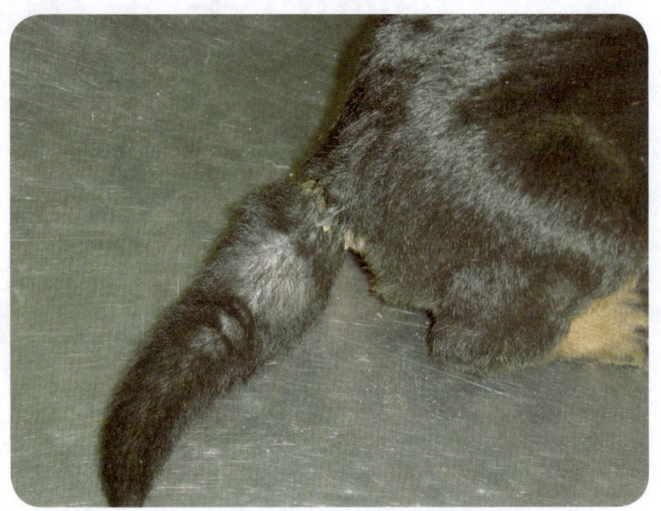

图9-1-2　3月龄罗威纳犬尾部感染

📋 手术步骤

1. 成年犬部分断尾术

（1）动物行全身麻醉，俯卧或侧卧保定。

（2）清理直肠蓄粪或肛门临时作荷包缝合，臀部、会阴部及尾部行常规术前消毒准备。

（3）在尾根或预定切除部近心端扎系止血带。朝尾根部回缩皮肤，在预定切断的尾椎间隙远端两侧皮肤上作双"V"形切口（图9-1-3）。

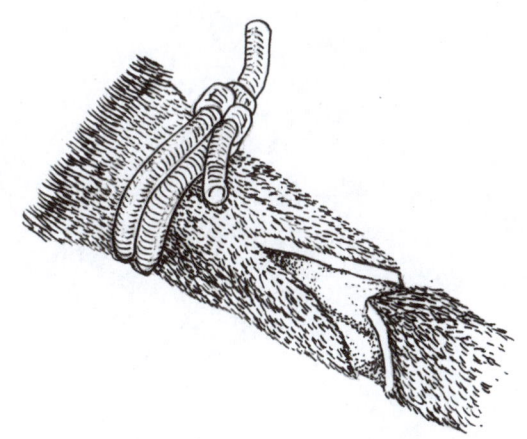

图9-1-3　尾根扎系止血带、切开皮肤

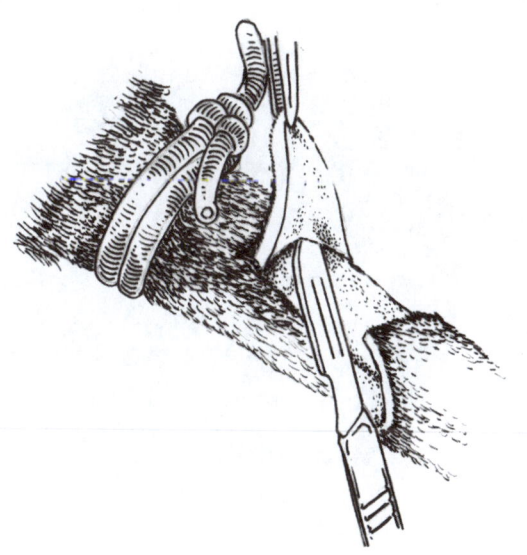

图9-1-4　切开皮肤并剥离皮瓣

（4）修整切口，在尾背腹两侧分别作皮瓣，并将皮瓣反折到预定切除尾椎间隙的前方。皮瓣长以能覆盖尾断端为度（图9-1-4）。

(5)在预定切除部近端,贯穿结扎尾椎两侧的动静脉和腹侧的尾中动静脉(图9-1-5)。

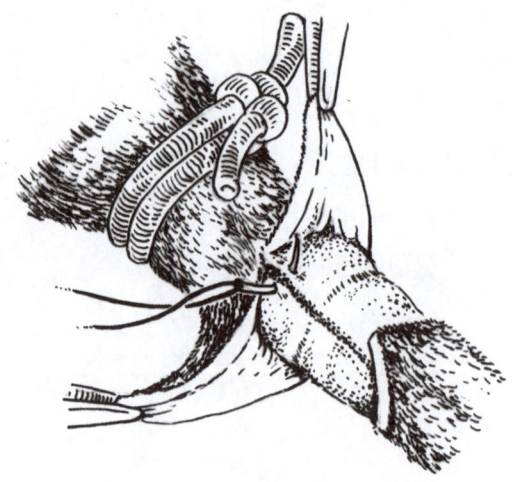

图9-1-5　贯穿结扎尾椎两侧和腹侧血管

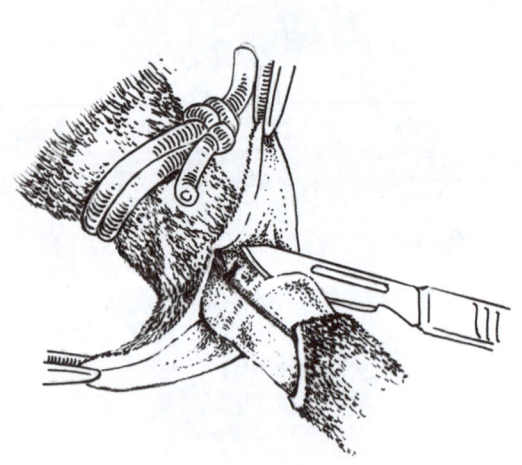

(6)在预定切开椎间隙稍靠后的部位切断尾椎肌,从椎间隙截断尾椎(图9-1-6)。

图9-1-6　从椎间隙截断尾椎

（7）缝合皮下组织，用背侧皮瓣包被尾椎断端，修剪腹侧皮瓣，使背腹侧皮瓣在没有张力的情况下对合。结节缝合皮肤（图9-1-7）。

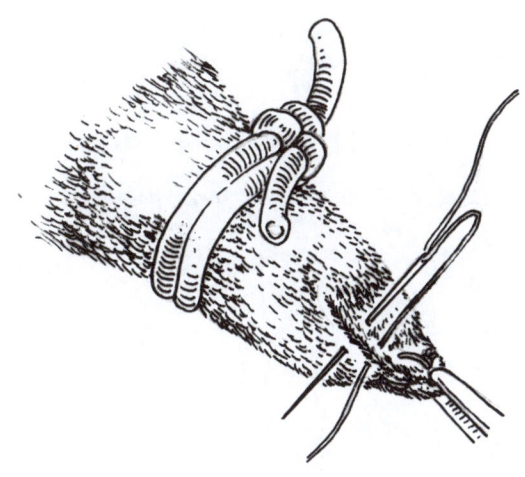

图9-1-7　背腹侧皮瓣对合，结节缝合皮肤

手术注意事项

（1）在切开皮肤时，朝尾根部回缩皮肤，可保证有足够的皮瓣包被尾椎断端。

（2）在切断尾椎肌等软组织前，要切实做好尾中动静脉和尾椎两侧血管的贯穿结扎止血。

术后护理

（1）佩戴伊丽莎白项圈，防止动物舔咬术部。注意保持术部清洁。

（2）术后全身用抗生素3～5d。术后7～10d拆除皮肤缝线。

2. 幼犬断尾术

（1）幼犬出生1周左右施行手术为宜。术者握于手掌内保定，不需要麻醉。尾部消毒，用一止血带扎紧尾根部。

（2）术者一手握住预断尾前方的尾根部，朝尾根部移动皮肤，另一手持骨剪或手术剪横断尾椎（图9-1-8）。

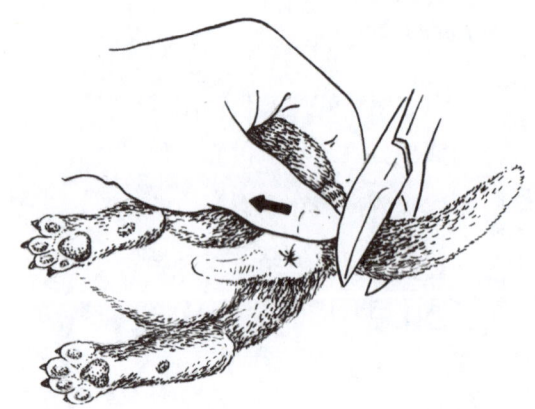

图9-1-8　剪断尾部

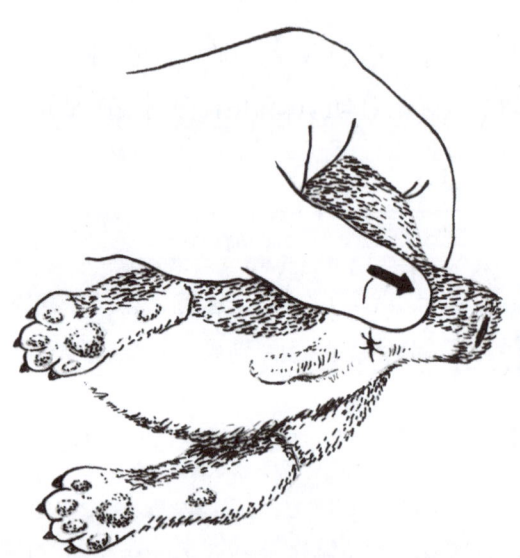

图9-1-9　结节缝合皮肤创缘，包住尾椎断端

（3）手松开，皮肤恢复原位。结节缝合皮肤创缘，包住尾椎断端（图9-1-9）。

手术注意事项

（1）在剪断尾椎前，先朝尾根部回缩皮肤，可保证皮肤包住尾椎断端。
（2）在切断尾椎后，松开止血带，出血少，如有必要可进行止血。

术后护理

术后尽快把幼犬放到母犬身边。注意保持犬舍和术部清洁，5d后拆除皮肤缝线。

二　猫断爪术

猫断爪术是切除猫第3指（趾）骨（图9-2-1）的手术。选择性断爪术，通常只切除前肢的爪部，一般在3~6月龄时进行，手术出血及并发症少，操作相对快且简便。术后爪子不再生长。

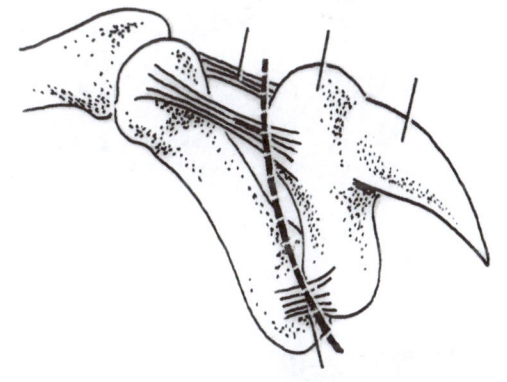

图9-2-1　第3指骨切除线

手术适应证

猫前肢爪尖锐，损伤性大，为防止猫爪损伤家具、衣服和抓伤人，通常截除前肢爪。一般不截除后肢爪，在行走时后肢爪与地面牢固接触，有利于行走稳定和敏捷。断爪术也用来治疗个别趾爪的创伤、感染，或者第3指骨的肿瘤。

手术步骤

（1）动物行全身麻醉，侧卧保定。在肘部下方结扎止血带，也可人为用拇指或食指压迫上臂内侧三角肌前部臂动脉。清洗爪部、趾部和指甲，并进行消毒。

（2）伸出猫前肢爪，术者向上推压指垫，向下压指爪，使爪子完全露出（图9-2-2）。

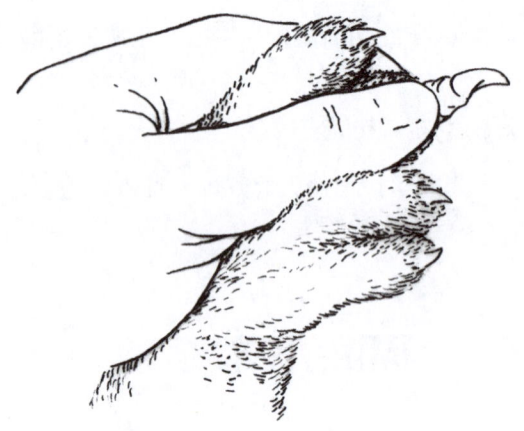

图9-2-2　露出爪子

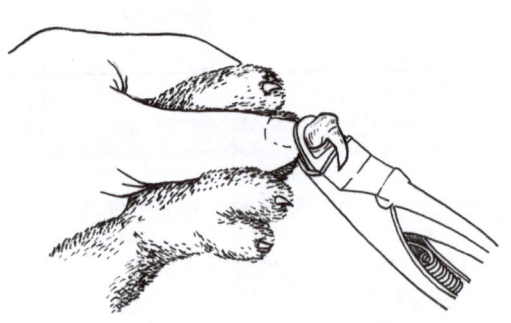

图9-2-3　用指甲剪剪断第3指骨

（3）术者用指甲剪将整个第3指骨剪断。完整切除趾突部分，在关节处剪断关节囊、韧带和肌腱（图9-2-3）。

（4）也可以用组织钳或创巾钳抓住爪尖，使爪部伸展，充分显露关节面。然后用手术刀沿第3指关节面向前下方运刀，一次切断关节两侧皮肤、侧韧带、屈肌腱及其他组织，将第3指骨切下。

（5）用上述两种方法断爪后，松开止血带，如有出血，可电凝止血。待彻底止血后，结节缝合每一指皮肤创缘1～2针，用绷带包扎患肢。

手术注意事项

（1）在切除第3指骨时，不能损伤指垫。
（2）幼猫断爪术后创口可不缝合，成年猫必须结节缝合术部创口。

术后护理

术后24～48h后可拆除绷带。限制外出活动，注意保持居所清洁，以免污染创口。术后7d拆线。

三 犬悬趾/指切除术

犬后肢爪的第1趾，有时前肢爪的第1指也称为悬趾/指，仅有皮肤和纤维组织相连接。有的犬会长出2个悬趾/指（图9-3-1）。

手术适应证

狩猎犬切除悬趾，是为了保护犬在狩猎时不易受伤，临床上常施行后脚悬趾切除术。对于其他类犬，施行悬趾切除术更多是为了增加美观的效果。此外，如果悬趾/指有先天性异常、肿瘤、骨髓炎、严重的挫伤或坏死等，也都必须进行悬趾/指切除术。

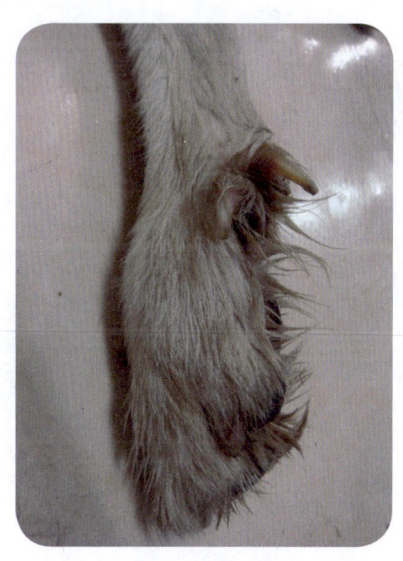

图9-3-1 悬趾

手术步骤

1. 幼年犬悬趾切除术

幼年犬的悬趾切除术一般在出生后2～5d进行。幼犬不需要麻醉，局部消毒后，用手术剪剪除第1、第2指节骨即可。手术操作简单，皮肤不需缝合，也不必用绷带包扎。

2. 成年犬悬趾切除术

（1）术部剃毛消毒，全身麻醉或镇静配合局部麻醉。

（2）用止血钳夹住悬趾爪部，向外拉开，使其与肢离开。用手术刀在悬趾基部椭圆形切开皮肤（图9-3-2）。

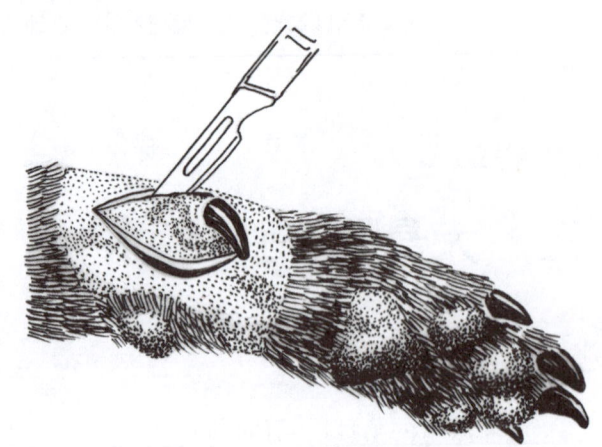

图9-3-2　椭圆形切开皮肤

（3）分离皮下组织，显露跖趾（掌指）关节（图9-3-3）。

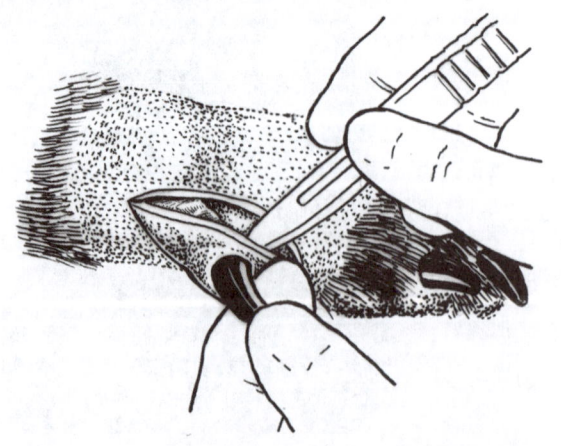

图9-3-3　分离皮下组织，显露跖趾（掌指）关节

（4）结扎趾背动脉后，再切断关节（图9-3-4）。

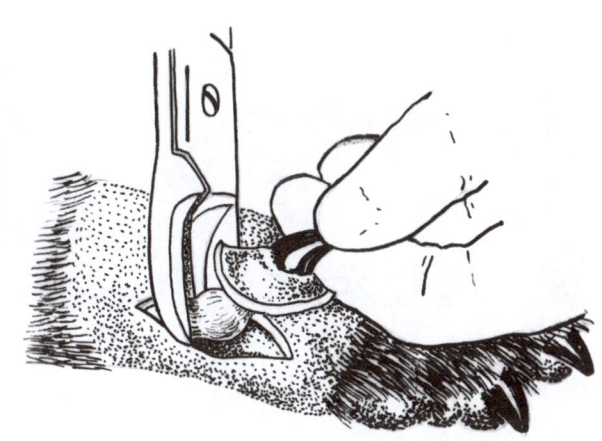

图9-3-4　切断关节

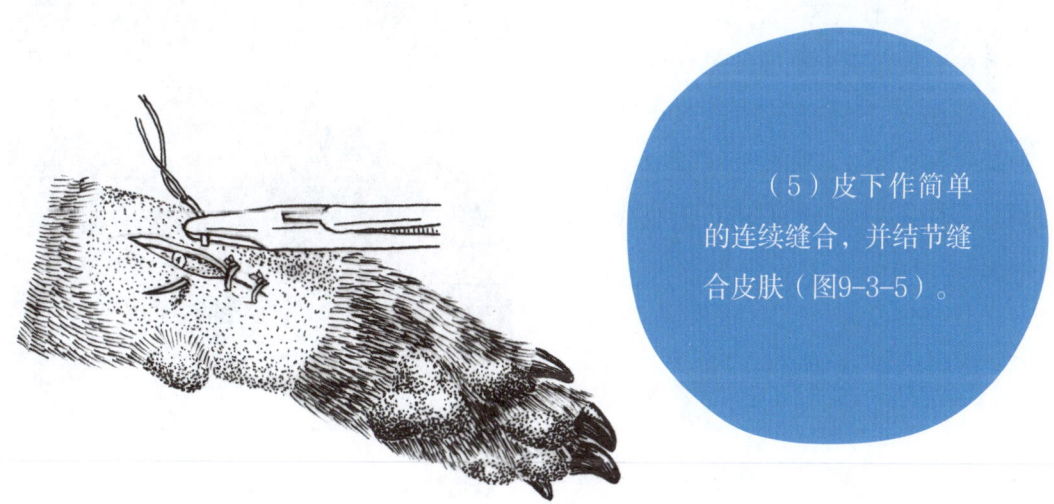

（5）皮下作简单的连续缝合，并结节缝合皮肤（图9-3-5）。

图9-3-5　结节缝合皮肤

（6）用敷料和绷带包扎患部，术后10d拆除皮肤缝线。

手术注意事项

幼犬切除悬趾/指术后创口可不缝合,成年犬必须结节缝合术部创口。

术后护理

术后24~48h可拆除绷带。术后创口常规消毒。

四　截肢术

（一）前肢截肢术

手术适应证

犬、猫前肢先天性发育异常,或因肿瘤、骨髓炎,严重的创伤或坏死,神经损伤或前肢麻痹,开放性重度粉碎性骨折等,如这些病症经药物治疗或外科处理均无效,则必须进行前肢截肢术（图9-4-1）。

手术步骤

（1）动物侧卧保定,患侧在上。全身麻醉后,从肩关节至指尖剃毛消毒。

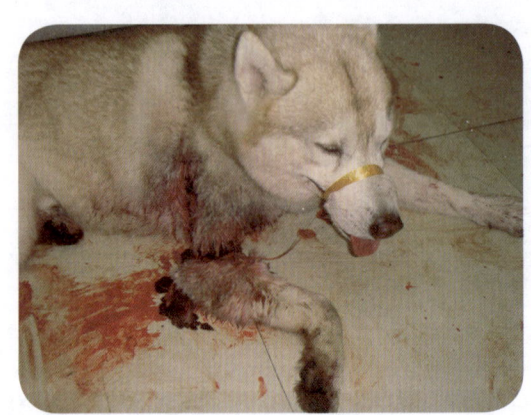

图9-4-1　2岁西伯利亚雪橇犬（哈士奇）前臂部软组织严重创伤

(2）在臂部内侧、外侧各作一半圆形切口，并相连接，将皮瓣剥离反折，显露臂三头肌、臂头肌，结扎头静脉（图9-4-2）。

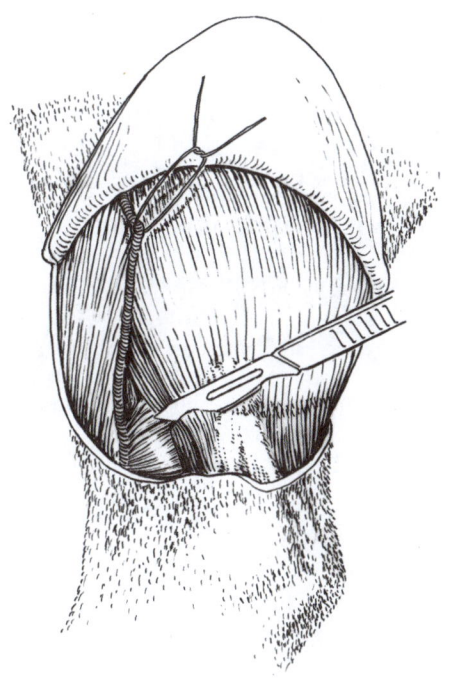

图9-4-2 在臂部内侧、外侧作皮肤切口

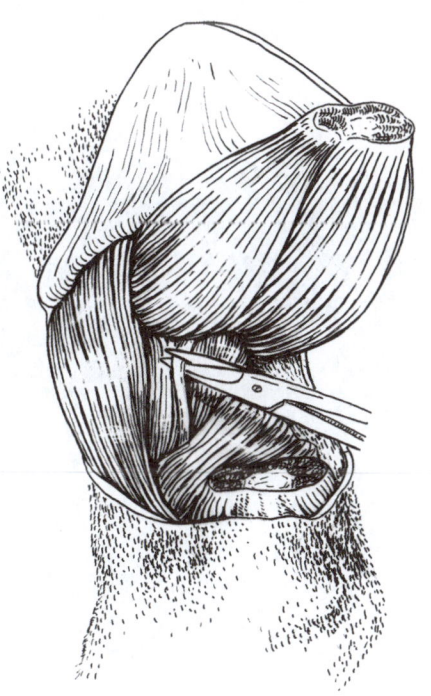

图9-4-3 切断臂三头肌抵止总腱

（3）切断臂三头肌抵止总腱，反折起来，显露臂肌、桡浅神经，在近心端切断桡神经（图9-4-3）。

（4）于臂部下1/3处切断臂肌和臂头肌，显露臂骨外侧面（图9-4-4）。

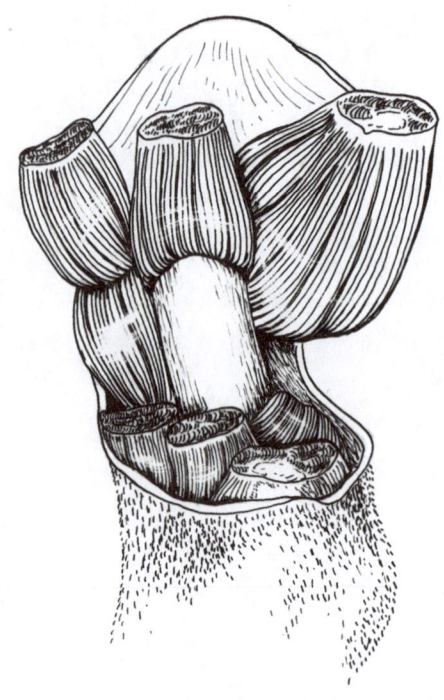

图9-4-4　切断臂部外侧肌肉

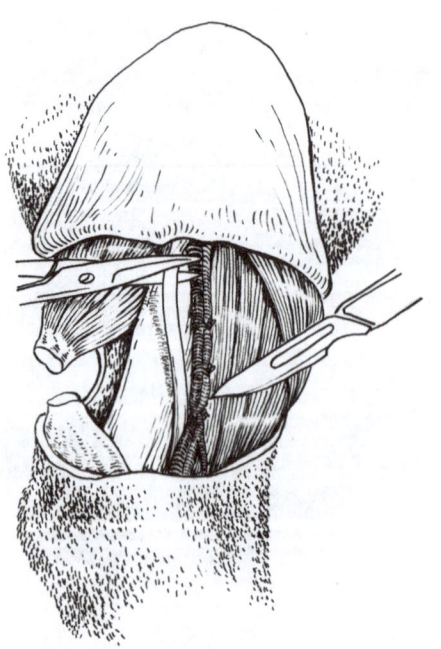

图9-4-5　切断臂的内侧肌肉

（5）将犬翻身后，显露臂的内侧面。将皮瓣反折，显露臂二头肌、臂动脉和臂静脉，进行结扎、切断。尺神经于近心端切断。臂二头肌在其抵止于尺骨处稍上方切断（图9-4-5）。

（6）在臂骨下1/3处环形切开骨膜，并用骨膜剥离器向远端剥离。注意保护切口近心侧骨膜的完整性（图9-4-6）。

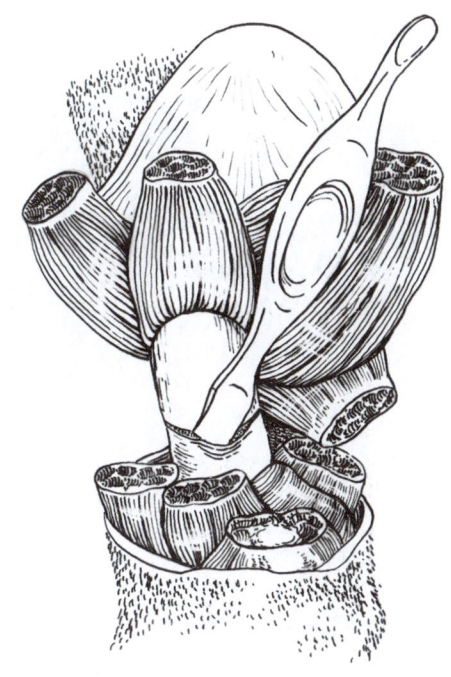

图9-4-6　环形切开并剥离骨膜

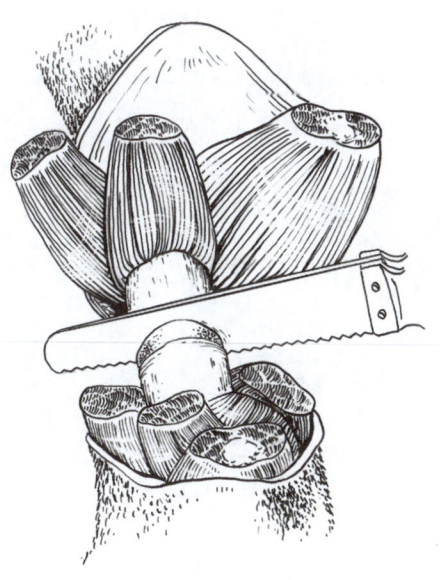

（7）用骨锯锯断臂骨骨干，完成截肢（图9-4-7）。

图9-4-7　锯断臂骨骨干

（8）结节缝合断肢残端的肌肉断端，以包裹臂骨残端（图9-4-8）。

图9-4-8　缝合肌肉，包裹臂骨残端

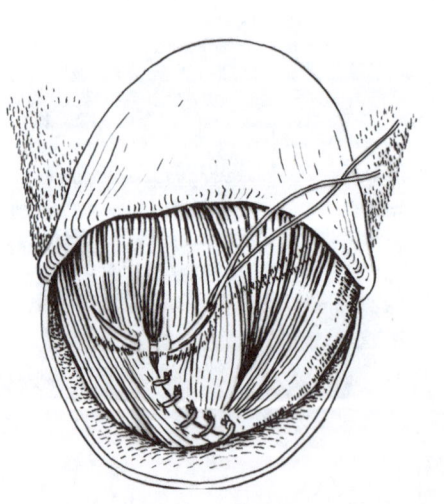

图9-4-9　按顺序、整齐缝合肌肉残端

（9）肌肉的残端缝合应按顺序、整齐，不要交叉、叠压，肌间隙、边缘也要缝合整齐，不留缝隙和创囊（图9-4-9）。

（10）修剪多余皮肤，间断水平褥式缝合或结节缝合皮瓣（图9-4-10）。

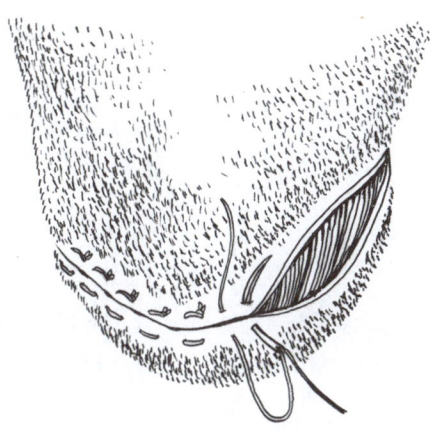

图9-4-10　缝合皮瓣

手术注意事项

术中血管结扎要做好。缝合肌肉时，避免肌间隙有创囊和缝隙。

术后护理

术后2～3d，可使用压力绷带，预防血肿生成。7～10d拆除皮肤缝线。

（二）后肢截肢术（股骨中干截肢术）

手术适应证

动物后肢先天性发育异常，或因肿瘤、骨髓炎，严重的创伤或坏死，神经损伤或前肢麻痹，开放性重度粉碎性骨折等，如经药物治疗或外科处理均无效，则必须进行后肢截肢术（图9-4-11）。一般在股骨近端1/3的骨干截断。

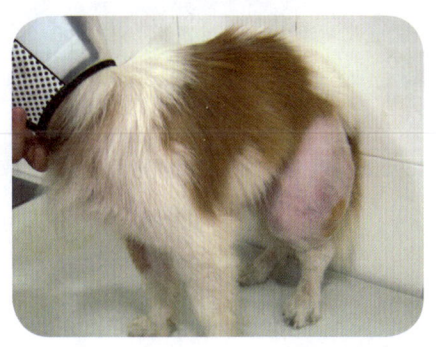

图9-4-11　8岁犬膝关节增生性病变

手术步骤

(1) 动物侧卧保定,患肢在上。

(2) 后肢截肢和前肢截肢同样,作大腿部内侧、外侧半圆形皮肤切口,并相连接。反折皮瓣,在股阔筋膜上沿股二头肌附着部切开(图9-4-12)。

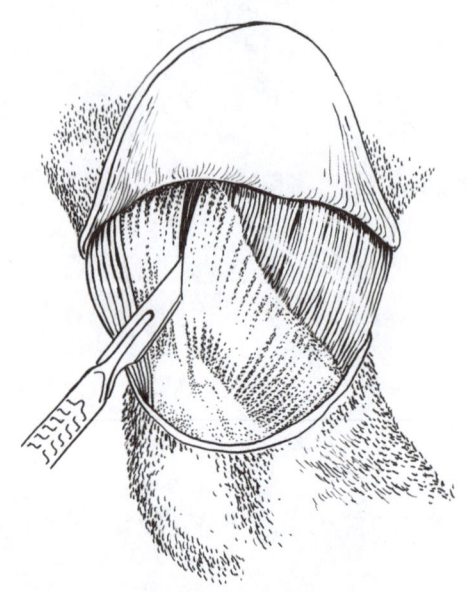

图9-4-12　切开大腿内侧、外侧皮瓣

(3) 切断并剥离股四头肌和股二头肌、缝匠肌,并反折显露股骨外侧面,结扎股后动脉(图9-4-13)。

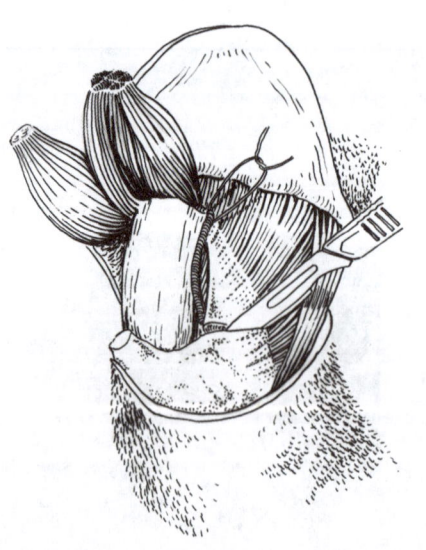

图9-4-13　显露股骨外侧面

(4) 横切股二头肌抵止腱膜,反折,结扎腘动脉。近侧分离并剪断坐骨神经(图9-4-14)。

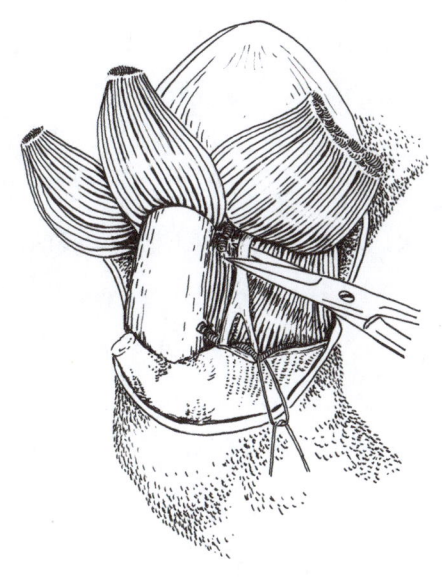

图9-4-14 切断股骨内侧面肌肉

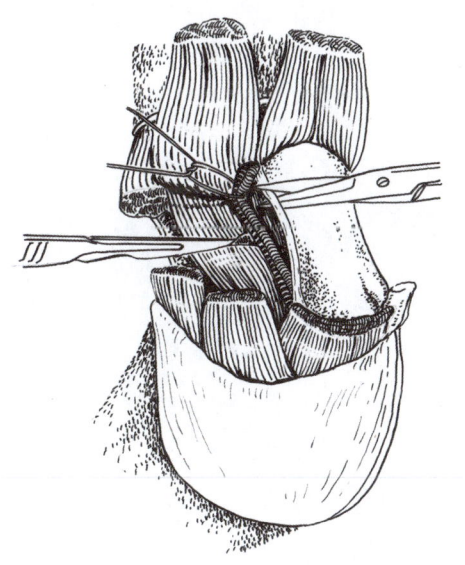

(5) 将犬体翻转,显露内侧面,切断并反折缝匠肌后腹部、股薄肌,结扎股动脉、股静脉,在近侧剪断隐神经,然后切断剩余的半腱肌、半膜肌、内收肌等(图9-4-15)。

图9-4-15 显露股骨内侧面

(6) 用前术方法锯断股骨,完成后肢截肢。

📋 手术注意事项

（1）术中血管结扎要做好。缝合肌肉时，避免肌间隙有创囊和缝隙。

（2）如股骨感染或肿瘤时，最好采用髋股关节截断术，可较完全治疗局部疾病。

📋 术后护理

术后2~3d可使用压力绷带，预防血肿的生成。7~10d拆除皮肤缝线。